"十三五"普通高等教育本科规划教材
高等院校材料专业"互联网+"创新规划教材

金属材料及热处理实验指导书

主　编　蒋　亮　李涌泉　秦　春
副主编　李　宁　刘贵群　李吉林
　　　　陈炜晔　陆有军
主　审　耿桂宏

内 容 简 介

本书共分3个部分，主要介绍了金属材料及热处理基础实验、钢的热处理原理和金属材料及热处理综合实验。

本书可使学生将课堂上学到的零散的热处理知识综合起来，从而加深其对书中概念的理解，并将相关知识、概念应用于热处理工艺方案设计中。

本书可作为选修“金属材料及热处理实验”课程、“材料科学基础实验”课程、“材料物理与性能实验”课程的本、专科学生的实验指导书，还可作为从事材料科学与工程、材料成型及控制工程、机械工程等工作的技术人员的参考书。

图书在版编目(CIP)数据

金属材料及热处理实验指导书/蒋亮，李涌泉，秦春主编. —北京：北京大学出版社，2019. 10

高等院校材料专业“互联网+”创新规划教材

ISBN 978-7-301-30661-1

Ⅰ. ①金… Ⅱ. ①蒋… ②李… ③秦… Ⅲ. ①金属材料—实验—高等学校—教学参考资料 ②热处理—实验—高等学校—教学参考资料 Ⅳ. ①TG14-33 ②TG15-33

中国版本图书馆CIP数据核字(2019)第174844号

书　　名　金属材料及热处理实验指导书
　　　　　JINSHU CAILIAO JI RECHULI SHIYAN ZHIDAOSHU
著作责任者　蒋　亮　李涌泉　秦　春　主编
策 划 编 辑　童君鑫
责 任 编 辑　孙　丹　童君鑫
数 字 编 辑　刘　蓉
标 准 书 号　ISBN 978-7-301-30661-1
出 版 发 行　北京大学出版社
地　　址　北京市海淀区成府路205号　100871
网　　址　http://www.pup.cn　新浪微博：@北京大学出版社
电 子 信 箱　pup_6@163.com
电　　话　邮购部010-62752015　发行部010-62750672　编辑部010-62750667
印 刷 者　北京富生印刷厂
经 销 者　新华书店
　　　　　787毫米×1092毫米　16开本　8.75印张　210千字
　　　　　2019年10月第1版　2019年10月第1次印刷
定　　价　32.00元

高等院校材料专业“互联网+”创新规划教材

编审指导与建设委员会

前　言

当前我国推动创新发展，实施“一带一路”倡议、《中国制造 2025》“互联网+”等重大战略，以新技术、新业态、新模式、新产业为代表的新经济突飞猛进，为高等工程教育带来契机的同时，对高等工程教育改革提出了新要求。在创立培养科学基础扎实、工程能力强、综合素质高的人才的教学新理念的背景下，为满足高等院校材料科学与工程及相关本、专科教学的需要，编者编写了此书。通过实验教学使学生更好地学习和理解热处理理论知识；锻炼学生从实验结果中发现和归纳科学问题的综合分析能力；培养学生运用所学知识解决实际问题的工程应用和工程实践能力，最终使学生全面掌握热处理基本知识和技能，为促进社会经济发展打下坚实的基础。

本书分为 3 个部分，主要介绍了金属材料及热处理基础实验、钢的热处理原理和金属材料及热处理综合实验。金属材料及热处理综合实验使学生将课堂上学到的零散的热处理知识综合起来，加深对教材中概念的理解，并将书中的知识、概念应用于制订热处理工艺方案中。学生经过整个实验流程后既可以掌握热处理原理，又能够学会热处理的基本方法，做到理论联系实际。为方便学生理解和教师教学，我们以“互联网+”教材的模式，通过书中二维码链接了教学动画、视频等资源，读者可以通过手机“扫一扫”功能，扫描书中二维码，进行相应知识点的拓展学习。

本书由北方民族大学的蒋亮、李涌泉和秦春任主编，李宁、刘贵群、李吉林、陈炜晔任副主编，耿桂宏任主审。其中，李宁、刘贵群和宁夏机械研究院股份有限公司的冯凯参与了本书第 1 部分的编写，李吉林和陈炜晔参与了第 2 部分的编写，吴长松、吴婷、马良富和李宝青参与了第 3 部分的编写。本书编写团队隶属于耿桂宏教授带领的“先进金属材料”课题组，团队成员多年来一直从事金属材料的相关教学和科研工作，主要编者均具有十年以上的教学经验。另外，本书在编写过程中得到了宁夏回族自治区级“十三五”重点建设专业项目“材料成型及控制工程优势特色专业”的经费支持、武汉爱时利科技有限公司提供的实验器材支持，在此一并表示衷心的感谢。

本书可作为选修“金属材料及热处理实验”课程、“材料科学基础实验”课程、“材料物理与性能实验”课程的本、专科学生的实验指导书，也可作为从事材料科学与工程、材料成型及控制工程、机械工程等工作的技术人员的参考书。

在编写本书的过程中，参考了国内外专家和同行的教材、著作及研究成果，并参阅了实验标准和互联网上公开的相关实验资料，在此表示感谢。由于编者水平有限，书中不当之处在所难免，恳请同行专家和读者批评指正。

编　者

2019 年 7 月

【资源索引】

目　　录

第 1 部分 金属材料及热处理基础实验

1.1 洛氏硬度的测定

【实验目的】

(1) 了解洛氏硬度计的工作原理。

(2) 掌握 HR - 150 型洛氏硬度计和 HRS - 150 型数显洛氏硬度计的使用方法。

(3) 初步建立碳钢含碳量与硬度之间的关系。

【实验设备和实验材料】

实验设备：HR - 150 型洛氏硬度计和 HRS - 150 型数显洛氏硬度计。

实验材料：20 钢和 T10 钢。

【实验原理】

洛氏硬度是一种应用广泛的静态压入硬度，通过压痕凹陷的深度表征待测材料的硬度值。参照待测试样的软硬程度，分别选取锥顶角为 120°的金刚石圆锥和直径为 1.588mm 或 3.175mm 的淬火钢球作为压头，在 98.07N（10kgf）初始实验力和 588.4N、980.7N 或 1471N 总实验力（即初始实验力加主实验力）先后作用下压入试样，在总实验力作用一定时间后卸除，借助卸除总实验力后的压痕深度来表示硬度，如图 1 - 1 所示，压痕越深，则硬度越低。

洛氏硬度的加载方式：①加初始实验力 98.07N，压痕深度为 h_1；②加总实验力（即初始实验力加主实验力），压痕深度为 h_2；③保持规定时间后，卸除主实验力。

待测试样的洛氏硬度值 h 可用保留初始实验力时的压痕深度 h_3 与在初始实验力作用下的压痕深度 h_1 之差表示，即 $h=h_3-h_1$。压痕越深，则硬度越低，但为了符合数值大、硬度高的读数习惯，用下式进行变换：

$$\mathrm{HR}=K-\frac{h_3-h_1}{C}$$

式中，K 为常数（采用金刚石压头时 $K=100$，采用钢球作压头时 $K=130$）；C 为指示器刻度盘上一个分度格（C=0.002mm）。

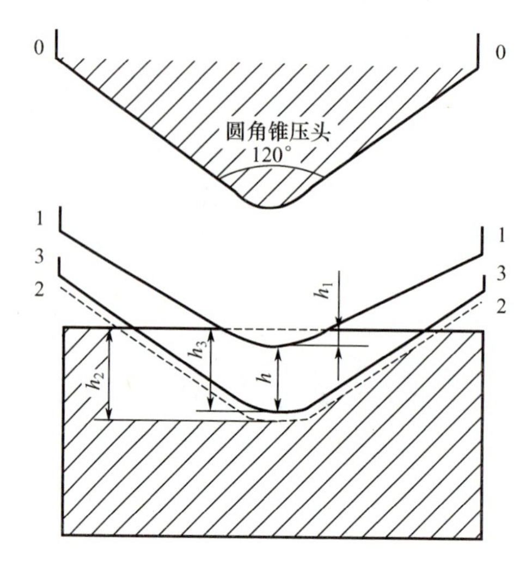

图 1－1　洛氏硬度实验原理

洛氏硬度所加实验力根据被测物体软硬程度的不同作不同规定，用不同压头与所选实验力搭配，有多种洛氏硬度标尺，标尺的使用范围和应用范围见表 1－1。其中常用的是 A、B 和 C 三种。测量过程中标尺的选用遵循如下原则。

（1）A 标尺采用金刚石压头。60kg 的载荷，硬度测量范围为 20～88HRA，适用于测量坚硬或薄硬材料的硬度，如硬质合金，渗碳后淬硬钢，经硬化处理的薄钢带、薄钢板等。

（2）B 标尺采用钢球压头。100kg 的载荷，硬度测量范围为 10～100HRB。当试样硬度小于 10HRB 时，多数情况下金属开始变形，变形延续较长时间，测量结果可能产生偏差；当试样硬度大于 100HRB 时，钢球压头可能变形，导致压入深度太浅，影响测量精度，可能造成误差，所以取硬度测量范围为 10～100HRB。该标尺常用于测量有色金属、合金及退火钢等低硬度零件的硬度。

（3）C 标尺采用金刚石压头。150kg 的载荷，硬度测量范围为 20～70HRC，适用于测量碳钢、工具钢及合金钢等经过淬火和回火处理后的试样的硬度。当试样硬度小于 20HRC 时，金刚石压头压入试样过深，压头几何形状造成的误差增大，容易导致测量结果不准确，此时应选用 B 标尺；当试样硬度大于 70HRC 时，压头尖端产生的压力过大，金刚石压头容易损坏，此时应采用检测力较小、压入深度较浅的 A 标尺。

表 1－1　洛氏硬度标尺的使用范围和应用范围

标尺	硬度符号	压头类型	初始实验力/N	总实验力/N	使用范围	应用范围
A	HRA	金刚石圆锥	98.07	588.4	20～88HRA	硬质合金、碳化物、表面淬火钢、硬化薄钢板
D	HRD			980.7	40～77HRD	薄钢板、表面淬火钢
C	HRC			1471	20～77HRC	淬火钢、调质钢、冷硬铸铁

续表

标尺	硬度符号	压头类型	初始实验力/N	总实验力/N	使用范围	应用范围
F	HRFW	1.5875mm 球	98.07	588.4	60～100HRF	铸铁、铝、镁合金、轴承合金、退火铜合金、薄软钢板
B	HRBW			980.7	10～100HRB	软钢、铝合金、铜合金、可锻铸铁、退火钢
G	HRGW			1471	30～94HRG	磷青铜、铍青铜、可锻铸铁
H	HRHW	3.175mm 球		588.4	80～100HRH	铝、锌、铅等
E	HREW			980.7	70～100HRE	轴承合金、锡、塑料、硬纸板等较软材料

【实验方法及步骤】

(1) HR-150 型洛氏硬度计。

HR-150 型洛氏硬度计的结构如图 1-2 所示。HR-150 型洛氏硬度计的使用方法如下。

① 参照表 1-1 选择合适的实验力和压头类型。

② 将试样置于工作台上，顺时针旋转手轮，使工件上升至加满初实验力位置，偏移不得超过±5 分度格，否则需更换测量位置。

③ 转动指示器的调整盘，使大指针指向刻度 C，如图 1-3 所示。

④ 向后缓慢推倒加载实验力的手柄（图 1-2 中的加荷手柄），保证主实验力在 4～6s 内施加完毕。总实验力保持 5s 后，向前慢拉卸载实验力的手柄（图 1-2 中的卸荷手柄），卸去主实验力，保留初实验力。

⑤ 此时指示器中硬度计表头大指针指向的数据即被测试件的硬度值。

⑥ 逆时针转动手轮，使工作台下降，更换测试点，重复上述操作。

【洛氏硬度实验机】

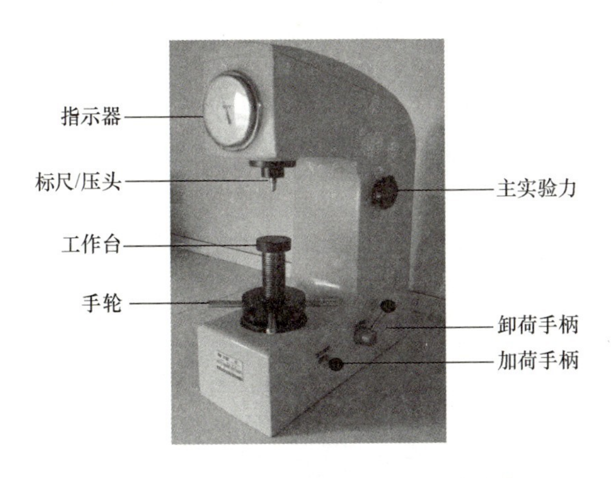

图 1-2 HR-150 型洛氏硬度计的结构

图 1-3 硬度测试初始阶段大指针位置

(2) HRS-150 型数显洛氏硬度计。

HRS-150 型数显洛氏硬度计的操作步骤如下。

【洛氏硬度测试】

① 接通电源，打开船形开关，主屏幕显示“欢迎使用”界面，稍等片刻后出现操作界面。HRS－150型数显洛氏硬度计的控制面板如图1－4所示。

【洛氏硬度计操作界面】

【洛氏硬度测试仪器界面】

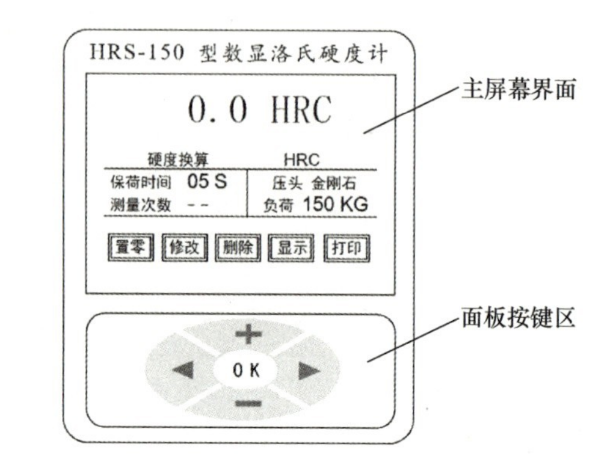

图1－4　HRS－150型数显洛氏硬度计的控制面板

② 参照表1－1选择实验力和压头类型。

③ 按▶键，使光标移至“修改”处，随后按OK键，显示“修改项目”表格，选中“测量标尺”后按OK键，主屏幕显示12个硬度测试标尺，选中适当的测试标尺（本实验选择HRC）后按OK键，主屏幕恢复到测试状态。

④ 同理，设置测试硬度的换算标尺和保荷时间。

⑤ 顺时针转动手轮，控制升降螺杆上升，使试样缓慢无冲击地与压头接触，直至硬度计显示值在570～610之间。此时工作台停止上升，硬度计自动加实验力（当工作台上升速度过快，显示值超过610时，蜂鸣器长响，提示操作错误，应降低工作台，更换试样测试点后重新测试）。

⑥ 硬度计自动保荷和卸力后，蜂鸣器响，读取显示器的硬度测试值。加、卸实验力时，严禁转动变荷手轮，如用力旋转会使内部齿轮错位，实验力不准确。

⑦ 逆时针旋转手轮，使工作台下降，更换试样测试点，重复上述操作。

【注意事项】

（1）试样两相邻压痕中心距离或任一压痕中心距试样边缘距离一般不小于3mm，特殊情况下可以减小，但不应小于压痕直径的3倍。

（2）试样的表面应光滑平整，不应有氧化皮及污物，尤其不应有油脂。试样表面应能保证压痕直径的精确测量，表面粗糙度 Ra 一般不应小于0.80μm。制备试样过程中，应尽量避免由于过热或冷加工等对试样表面硬度产生的影响。试样的厚度应至少为压痕深度的10倍；两压痕中心距至少为压痕直径的4倍，不小于2mm。

（3）为了获得较准确的硬度值，每个试样上的实验点数应不少于3个（第一点不记），取三点的算术平均值作为硬度值。对于大批试样的实验，点数可以适当减少。

（4）要记住手轮的旋转方向，顺时针旋转时工作台上升；反之下降。特别是在实验快结束需下降工作台取下试样或调换试样位置时，手轮不得转错方向；否则将使工作台上升，顶坏压头。

【实验数据记录与处理】

（1）HR－150型洛氏硬度计。

实验结束后，在表1－2中填写HR－150型洛氏硬度计硬度测试结果。

表1－2 HR－150型洛氏硬度计硬度测试结果

实验材料	实验规范			测得硬度值			
	压头	总实验力/N	硬度标尺	第一次	第二次	第三次	平均硬度值
20钢							
T10钢							

（2）HRS－150型数显洛氏硬度计。

实验结束后，在表1－3中填写HRS－150型数显洛氏硬度计硬度测试结果。

表1－3 HRS－150型数显洛氏硬度计硬度测试结果

实验材料	实验规范			测得硬度值			
	压头	总实验力/N	硬度标尺	第一次	第二次	第三次	平均硬度值
20钢							
T10钢							

【思考题】

（1）洛氏硬度计经长期使用后应注意哪些问题？

（2）结合以上实验分析，试比较含碳量为0.48%的碳钢、含碳量为1.2%的碳钢、20钢和T10钢的硬度。

【思考题答案】

1.2 布氏硬度的测定

【实验目的】

（1）掌握用HB－3000型布氏硬度计测量金属硬度的实验原理及操作方法。

（2）理解根据压痕直径计算布氏硬度值的原理。

（3）熟悉通过压痕直径查阅布氏硬度值的方法。

【实验设备和实验材料】

实验设备：HB－3000型布氏硬度计。

HB－3000型布氏硬度计适用于测量未经淬火钢、铸铁、有色金属及质地较软的轴承合金等材料，具有测试精度高，测量范围宽，实验力自动加载、自动保持计时、自动卸载等特点；可广泛应用于计量、机械制造、冶金、建材等行业的检测、科研与生产。使用HB－3000型布氏硬度计时，实验力的选择应保证压痕直径为（0.24～0.6）D；实验力-球压头直径平方之比（$0.102\times F/D^2$）应根据材料和硬度选择（表1－4）。当试样尺寸允许时，优先选用压头直径为10mm的钢球。

表 1-4　布氏硬度实验参数

材料	硬度值范围/HB	试样厚度/mm	$0.102\times F/D^2$ /(N/mm²)	压头直径/mm	实验力/N	载荷保持时间/s
黑色金属	≥140	6～3	30	10	29420	10
	<140	4～2		5	7355	
		<2		2.5	1839	
		>6	10	10	9807	
		6～3		5	2452	
		<3		2.5	613	
铜合金及镁合金	36～130	>6	10	10	9807	30
		6～3		5	2452	
		<3		2.5	613	
铝合金及轴承合金	8～35	>6	2.5	10	2542	60
		6～3		5	613	
		<3		2.5	153	

实验材料：20 钢。

【实验原理】

布氏硬度通常用符号 HB 表示。对待测材料施加一定大小的实验力 F，将压头直径为 D 的钢球压入待测材料表面并保持一定时间后卸除实验力，根据钢球在试样表面上形成的凹痕面积 S（由压痕直径计算）求出平均应力值，并以此作为硬度值的计量指标。布氏硬度的测量原理如图 1-5 所示。

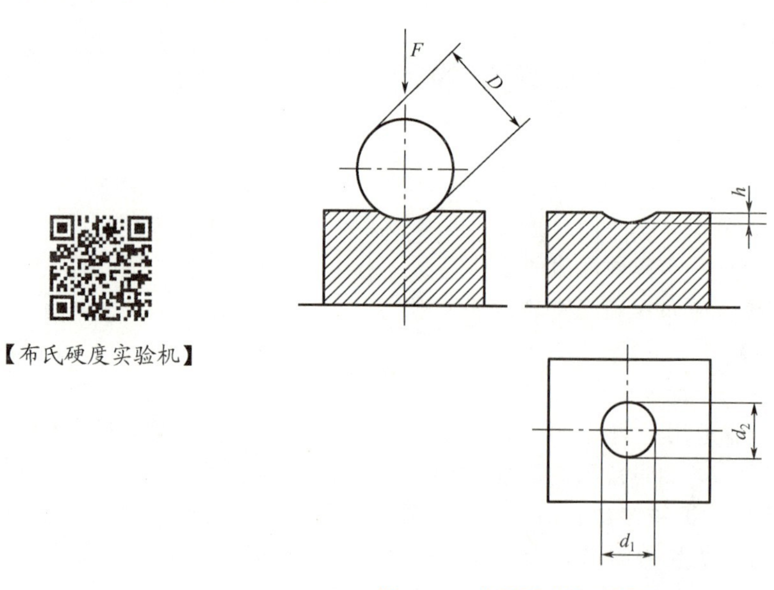

图 1-5　布氏硬度的测量原理

由压头直径 D 和测量所得的试样压痕直径 d 可算出压痕面积，即

$$S=\frac{1}{2}\pi D(D-\sqrt{D^2-d^2})$$

$$d=\frac{d_1+d_2}{2}$$

式中，d_1 和 d_2 分别表示在两相垂直方向测量的压痕直径（mm）；D 表示压头直径（mm）；S 表示压痕面积（mm^2）。

由此可知，布氏硬度值可由下式算出：布氏硬度=常数×实验力/压痕表面积，即

$$HB=0.102\times\frac{2F}{\pi D(D-\sqrt{D^2-d^2})}$$

式中，HB为布氏硬度值；F 为实验力（N）。

实际测量时，可由压痕直径 d 直接查表得到HB值（见附录1）。

布氏硬度实验最常用的标准条件：硬质合金球压头直径为10mm，实验力为29420N。然而，由于待测材料的软硬不同，同一种负荷和钢球难以满足不同材料的测试需求。即使对于同一种材料，采用不同直径的钢球及不同的实验力，要得到较理想的实验结果，只有在 $0.102\times F/D^2$ 为常数时才可能实现。布氏硬度实验压头直径和实验力选择如表1-5所示。

表1-5 布氏硬度实验压头直径和实验力选择

$0.102\times F/D^2$ /(N/mm²)	压头直径/mm					硬度值范围/HB	适用对象
	10	5	2.5	1.25	1		
	实验力/N						
30	29420	7355	1839	460	294	140～945	钢、灰铸铁
10	9807	2452	613	153	98	48～315	
5	4903	1226	306	76	49	23.8～158	退火铝
2.5	2452	613	153	38	25	11.9～79	轴承合金
1.25	1226	306	76	20	12	6.0～39	导线
0.5	490	123	30	8	5	2.4～15.8	柔软材料

压头为淬火钢球时，硬度符号用HBS表示，适用于布氏硬度值低于450的金属材料；压头为硬质合金球时，硬度符号用HBW表示，适用于布氏硬度值为450～650的金属材料。由于金属材料有软有硬，所测工件有厚有薄，若只采用单一实验力和压头直径，则可能不适用于某些试样，会出现整个压头陷入试样中或将试样压透的现象。所以，在测定不同材料时应选用不同实验力和不同直径的钢球。为了得到统一的、可以相互比较的数据，必须使 D 和 F 之间维持一定的比值关系，以保证得到的压痕形状具有几何相似关系。通过数学推导可知，只要满足 F/D^2=常数，得到的HB值就是一致的，不同材料、不同实验力和压头直径得到的HB值可以相互比较。GB/T 231.1—2018《金属材料 布氏硬度试验 第1部分：试验方法》对此进行了规定，不同硬度材料适用的压头直径和实验力参见表1-4。

【布氏硬度测定】

【实验方法及步骤】

（1）测试准备。

检查接好的电源线，打开电源开关，电源指示灯亮。布氏硬度计进行自检、复位，显示当前的实验力保持时间，该参数自动记忆关机前的状态。

（2）安装压头。

选取要用的压头，用酒精清洗黏附的防锈油；然后用棉花或其他软布擦拭干净，装入主轴孔内，旋转紧定螺钉，使其轻压于压头尾柄的扁平处，将试样平稳、密合地安放在样品台上，顺时针转动手轮，使样品台上升，试样与压头接触，直至手轮与螺母产生相对滑动（打滑）；最后旋紧压头紧定螺钉。

（3）选择实验力。

HB－3000型布氏硬度计有5种实验力可供选用，并配有7个砝码，其中包括1个1.25kg砝码、1个5kg砝码和5个10kg砝码。参照表1－4设置实验力，本次实验选择29420N。

（4）设置实验力保持时间。

参照表1－4，设置实验力保持时间，本次实验的实验力保持时间设置为10s。

（5）测定硬度。

将待测试样放置在工作台中央，顺时针平稳转动手轮，使工作台上升，试样与压头接触；直至手轮与螺母产生相对滑动（打滑），停止转动手轮。此时按“开始”键，实验自动进行，依次完成以下过程：实验力加载（加载指示灯亮）；实验力完全加载后开始按设定的保持时间倒计时，保持该实验力（保持指示灯亮）；时间到后立即开始卸载实验力（卸载指示灯亮），完成卸载后恢复初始状态（电源指示灯亮），记录实验数据。在试样表面更换位置，重复上述步骤，共测量5次。

（6）关机。

卸除全部实验力，关闭电源开关。

【注意事项】

（1）试样厚度不应小于压痕深度的10倍。压痕中心距试样边缘的距离不应小于压痕直径的2.5倍，而距相邻压痕中心距离不小于压痕直径的4倍。

（2）用读数显微镜测量压痕直径时，应从相互垂直的两个方向测量，精确到小数点后两位的毫米值，并取其算术平均值。压痕直径之差不应大于较小直径的2%。

（3）实验后压痕直径大小应为$0.24D<d<0.6D$，否则认为实验结果无效。实验后，若试样边缘与试样背面呈变形痕迹，则实验无效。以上情况均应重新选择实验条件并重新进行实验。

【布氏硬度结果分析】

【实验数据记录与处理】

实验结束后，将实验结果填入表1－6中。

表1－6　布氏硬度实验结果

测量次数	1	2	3	4	5	平均值
压痕直径/mm						
硬度值/HBW						

【思考题】

(1) 为什么测量压痕直径时应在相互垂直的两个方向测量并取平均值?

(2) 被测试样的表面粗糙度与厚度分别对测量结果有无影响?

(3) 为什么要设置一定的实验力保持时间?

【思考题答案】

1.3 维氏硬度的测定

【实验目的】

(1) 理解维氏硬度的测试原理。

(2) 掌握维氏硬度计的常规使用方法。

【实验设备和实验材料】

实验设备：HVS-1000Z型数显显微维氏硬度计（图1-6）。

实验材料：淬火45钢。

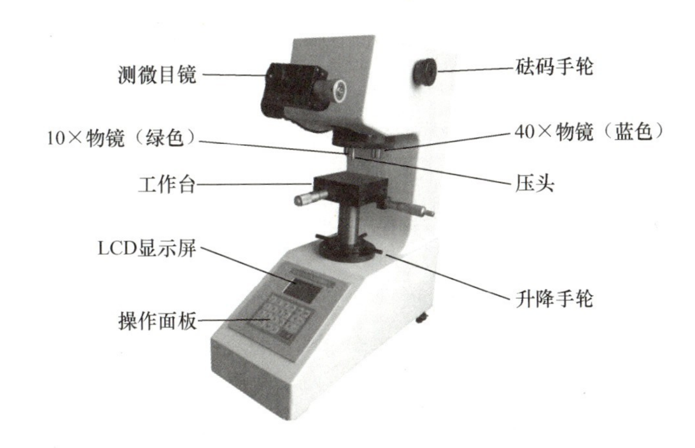

图1-6 HVS-1000Z型数显显微维氏硬度计

【实验原理】

维氏硬度实验是压入硬度实验的一种，其测量值用HV表示。维氏硬度于20世纪20年代初被提出。比起其他硬度测试方法，维氏硬度测试方法具有以下优点：硬度值与压头尺寸、负荷值无关；无须根据材料软硬更换压头；压痕轮廓边缘清晰、便于测量。维氏硬度测试方法几乎可被应用于所有金属，是使用最广泛的硬度测试方法之一。只要被测材料质地均匀，维氏硬度实验就可以用低负荷和小压痕得到较可靠的硬度值，不仅能有效地降低材料破坏的程度，而且有利于薄、小实验材料的硬度测定。

维氏硬度的测量原理如图1-7所示，将一个相对面夹角α为136°的正四棱锥体金刚石压头以选定的实验力F压入被测材料表面并保持规定时间后（保持时间为10～15s），卸除实验力，用读数显微镜测量压痕两对角线长度d_1和d_2，取其算术平均值d，查表或代入公式即可计算出维氏硬度值。

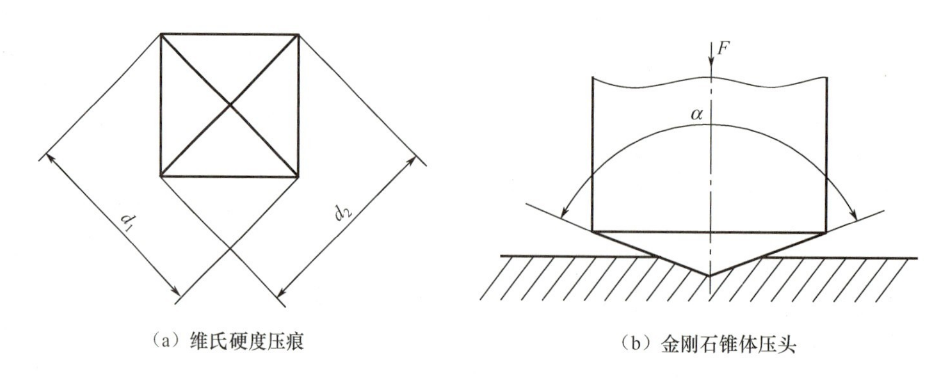

(a) 维氏硬度压痕　　(b) 金刚石锥体压头

图 1-7　维氏硬度的测量原理

计算公式：

$$HV=0.102\frac{F}{S}=0.102\frac{2F\sin(\alpha/2)}{d^2}$$

式中，F 为实验力（N）；S 为压痕表面积（mm^2）；α 为压头相对面夹角（°），$\alpha=136°$；d 为两压痕对角线长度 d_1 和 d_2 的算术平均值（mm）。

【实验方法及步骤】

（1）HVS-1000Z 型数显显微维氏硬度计的操作步骤。

① 插上电源后，打开维氏硬度计开关，屏幕上显示初始界面，此时可设置实验参数，包括硬度标尺（HV、HK）、硬度换算，保荷时间、灯光明暗等。转动砝码手轮，使实验力符合实验要求，确定砝码手轮对应的力值与屏幕上显示的力值一致。转动砝码手轮时，应小心缓慢地转动。常用的实验力保持时间为 10s，也可根据需要按“D+”或“D−”键，每按一次键变化 1s。如视场光源太暗或太亮，可按“L+”或“L−”键调节。

② 转动升降手轮，使 40× 物镜处于前方位置（光学系统总放大倍率为 400×，处于测量状态）。

③ 将标准试块或待测试样放在工作台上，转动升降手轮，使工作台上升，当待测试样距物镜下端约 1mm 时（不要碰到物镜），通过测微目镜进行观察。当测微目镜的视场内出现明亮光斑时，说明聚焦面即将到来，此时应缓慢微量上升或下降工作台，直至在测微目镜中观察到试样表面清晰成像，完成聚焦过程。

④ 如果想观察试样表面上较大的视场范围，可将 10× 物镜转至前方位置，此时光路系统总放大倍率为 100×，处于观察状态。

⑤ 将压头转至前方位置，应小心缓慢地转动，防止转动过快产生冲击，此时压头顶端与聚焦好的试样的平面距离为 0.3～0.45mm。

⑥ 按 Start 键施加实验力（电动机启动），屏幕上出现 LOAD 表示施加实验力；DWELL 表示保持实验力；UNLOAD 表示卸除实验力；电动机工作结束，屏幕上出现 d1:0，等待测量。

⑦ 将 40× 物镜转至前方位置，此时可在测微目镜中测量压痕对角线长度，如果压痕不清楚，可缓慢上升或下降工作台，使之清晰；如果测微目镜内的两条刻线较模糊，可调节测微目镜罩。

计算压痕对角线长度的公式：

$$d=nl$$

式中：d 为压痕对角线长度（μm）；n 为测微目镜右鼓轮的格数（1 圈 50 格）；l 为右鼓轮每格最小分度值（0.5μm）。

压痕形貌如图 1－8 所示。在测量压痕对角线时，先转动测微目镜的左鼓轮，此时两条刻线同时移动，对准左边压痕的顶点，然后转动右鼓轮，使另一条刻线对准右边压痕的顶点。

测微目镜外形如图 1－9 所示。

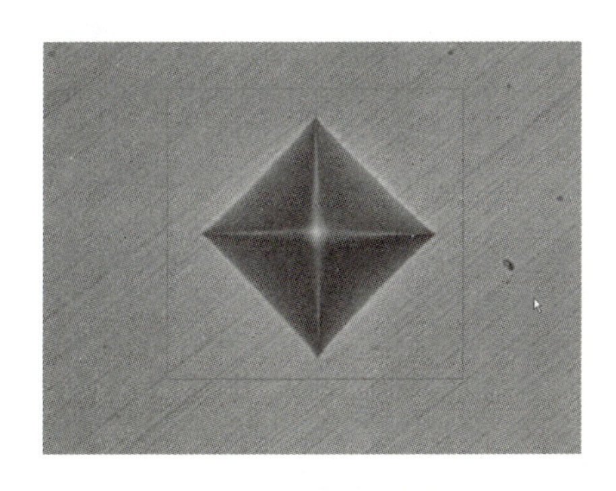

图 1－8　压痕形貌

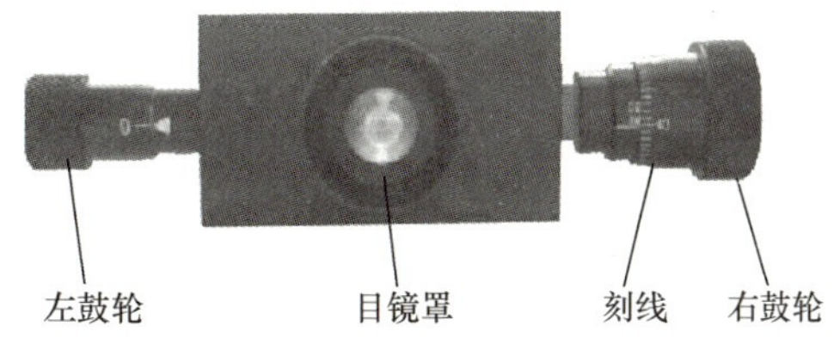

图 1－9　测微目镜外形

【维氏硬度测试】

压痕的测量方法见表 1－7。

表 1－7　压痕的测量方法

测量步骤	成像图
① 从测微目镜中观察视场内的两条刻线，旋转目镜罩，使刻线清晰。旋转目镜罩可能引起压痕成像模糊，待两条刻线清晰后再转动升降手轮，使压痕成像清晰，如右图所示	
② 转动测微目镜两边的鼓轮，使两条刻线内侧无限接近，即两条刻线内侧之间透光逐渐处于有光和无光的临界状态时，观察鼓轮上的零位刻线是否对准，如右图所示	
③ 反向转动测微目镜的两鼓轮，两条刻线逐渐分开，转动目镜左鼓轮，使左刻线内侧与压痕左边的边缘相切，如右图所示	

续表

测 量 步 骤	成 像 图
④ 转动目镜右鼓轮，使右刻线内侧与压痕右边的边缘相切，如右图所示。记下数据并输入压痕长度值，按 OK 键，d1 测量完成	
⑤ 将测微目镜转动 90°（转动时要紧贴目镜管），转动鼓轮，使下刻线内侧与压痕下边的边缘相切，如右图所示	
⑥ 转动鼓轮，使上刻线内侧与压痕上边的边缘相切，如右图所示。记下数据并输入压痕长度值，按 OK 键，d2 测量完成。仪器自动计算硬度值并显示结果，测试次数自动加一，一次测量完成	
⑦ 压痕长度的计算：目镜鼓轮转动 1 圈 50 格，当移动刻线内侧与压痕对角线相切时，读出转动的整圈数（在鼓轮轴上）和鼓轮外圆上的格数，每个小格的值是 0.5μm	

【举例】 在 9.80N 实验力下测量压痕的对角线长度。

① 测得 n=99 格（49.5μm）。

② 输入 99，在屏幕上出现 d1:99 时，按“确认”键。

③ 屏幕上出现 d2:0。

④ 将测微目镜转动 90°，测量另一条压痕的对角线，测得 n=98 格。

⑤ 输入 98，屏幕上出现 d2:98，按“确认”键，即在屏幕上显示显微硬度值为 763.0HV。如果要重新测量，则再按“确认”键，屏幕上出现 d1 时重新测量即可。如按错数字，则先按“清零”键，再输入数值。

（2）维氏硬度技术参数。

① 实验力：0.098N、0.245N、0.49N、0.98N、1.96N、2.94N、4.90N、9.80N。

② 保压时间：黑色金属为 10～15s，有色金属为（30±2)s。

③ 压头规格：正四棱锥体金刚石压头。

④ 维氏硬度测量范围：14～1000HV。

⑤ 维氏硬度符号表示方式。

符号 HV 之前为硬度值，之后按实验力和实验力保持时间（10～15s 不标注）的顺序用数值表示实验条件。

例如：640HV30 表示用 294.2N（30kgf）的实验力保持 10～15s 测得的维氏硬度为 640；640HV30/20 表示用 294.2N（30kgf）的实验力保持 20s 测得的维氏硬度为 640。

⑥ 显微镜放大倍率：37.5 倍（使用 2.5×物镜）、75 倍（使用 5×物镜）。

⑦ 测微目镜毂轮的最小分度值。

a. 使用2.5×物镜，分度值 I=0.004mm；

b. 使用5×物镜，分度值 I=0.002mm。

【注意事项】

(1) 试样表面应平坦光滑，实验面上无氧化皮及污物，尤其不应有油脂，除非在产品标准中另有规定。试样表面应保证压痕对角线长度的测量精度，建议对试样表面进行抛光处理。

(2) 制备试样时应使过热或冷加工等因素对试样表面硬度的影响降至最低。由于维氏硬度压痕很浅，加工试样时建议根据材料特性进行抛光、电解抛光。试样或实验层厚度应至少为压痕对角线长度的1.5倍。实验后，试样背面不应出现可见变形压痕。对于截面小或外形不规则的试样，可进行镶嵌处理或使用专用工作台进行实验。

(3) 实验过程中，在加载或未卸除实验力的情况下，严禁移动试件，否则会损坏仪器。

(4) 金刚石压头和压头轴是显微硬度计的精密部件，在操作时要十分小心，不能触及压头。为了保证测试精度，压头应保证清洁，当沾上油污或灰尘时，可用沾有工业酒精或乙醚的脱脂棉将压头顶尖轻擦干净。

【实验数据记录与处理】

实验结束后，将实验结果填入表1-8中。

表1-8 维氏硬度实验结果

实验力/N	压痕对角线长/mm			硬度值/HV	平均硬度值/HV
	1	2	平均值		

【思考题】

(1) 简述维氏硬度与洛氏硬度、布氏硬度的区别。

(2) 维氏硬度与洛氏硬度、布氏硬度相比，最大优势是什么？

【思考题答案】

1.4 冲击韧度的测定

【实验目的】

(1) 掌握冲击实验机的操作方法。

(2) 理解冲击韧度的实验原理。

(3) 比较低碳钢与灰铸铁的冲击韧度和破坏情况。

【实验设备和实验材料】

实验设备：ZBC2000-EC型摆锤式冲击实验机、游标卡尺。

实验材料：Q235 和 HT150。

实验材料按照国家标准 GB/T 229—2007《金属材料 夏比摆锤冲击试验方法》进行加工。金属材料冲击实验采用的标准冲击试样的尺寸为 10mm×10mm×55mm，并开有 2mm 或 5mm 深的 U 型缺口（图 1-10）或 45°张角、2mm 深的 V 型缺口（图 1-11）。如不能制成标准试样，则可采用宽度为 7.5mm 或 5mm 的小尺寸试样，其他尺寸与相应缺口的标准试样相同，缺口应开在试样的窄面上。冲击试样的底部应光滑，试样的公差、表面粗糙度等加工技术要求参见国家标准 GB/T 229—2007《金属材料 夏比摆锤冲击试验方法》。

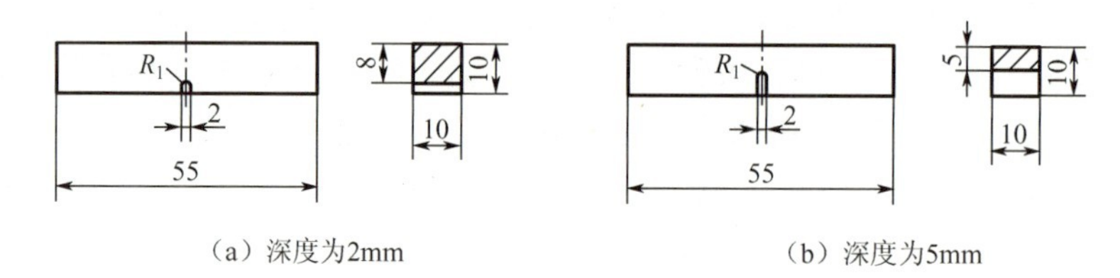

（a）深度为2mm　　（b）深度为5mm

图 1-10　夏比摆锤 U 型缺口冲击试样

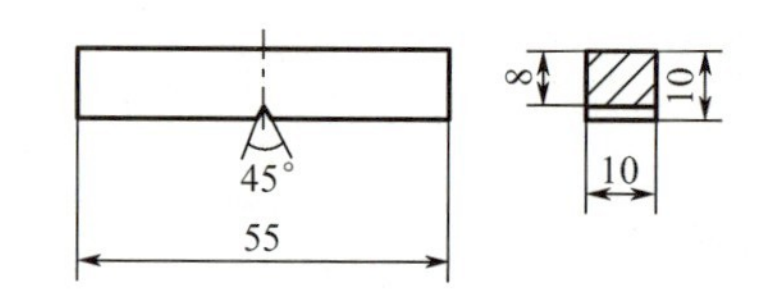

图 1-11　夏比摆锤 V 型缺口冲击试样

【实验原理】

冲击韧度的实验原理如图 1-12 所示。将试样水平放置在实验机的支座上，缺口位于冲击相背的方向。将质量为 m 的摆锤举至一定高度 H_1，使其获得一定位能 mgH_1。释放摆锤，冲断试样，摆锤的剩余能量为 mgH_2，则摆锤冲断试样失去的位能为 mgH_1-mgH_2，即试样消耗的功，称为冲击吸收功，用 A_k 表示。

$$A_k=mgH_1-mgH_2=mg(H_1-H_2)$$

式中，A_k 为冲击吸收功（J）。

摆锤冲击试件的速度为 4.0～5.0m/s，应变速率约为 10^3/s。

冲击韧度为

$$\alpha_k=\frac{A_k}{F}$$

式中，α_k 为冲击韧度（kJ/m^2）；F 为切口的净断面面积（mm^2）。

ZBC2000-EC 型摆锤式冲击实验机的结构如图 1-13 所示。

【实验方法及步骤】

ZBC2000-EC 型摆锤式冲击实验机有手动控制模式和软件控制模式两种操作方式。

【冲击韧性测试】

（1）手动控制模式。

① 检查试样的形状、尺寸及缺口质量是否符合标准要求。

② 主机控制界面如图 1-14 所示。首次实验前，需按“清零”键，摆锤的角度复位为 0°。

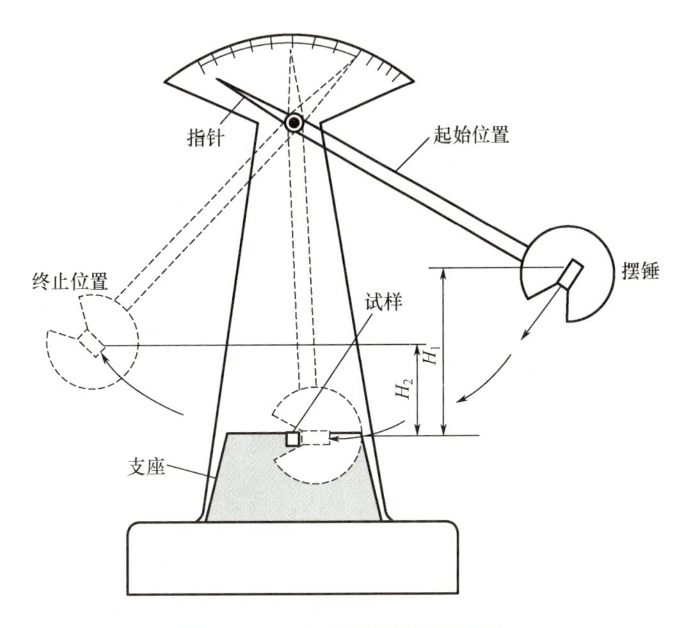

图 1-12 冲击韧度的实验原理

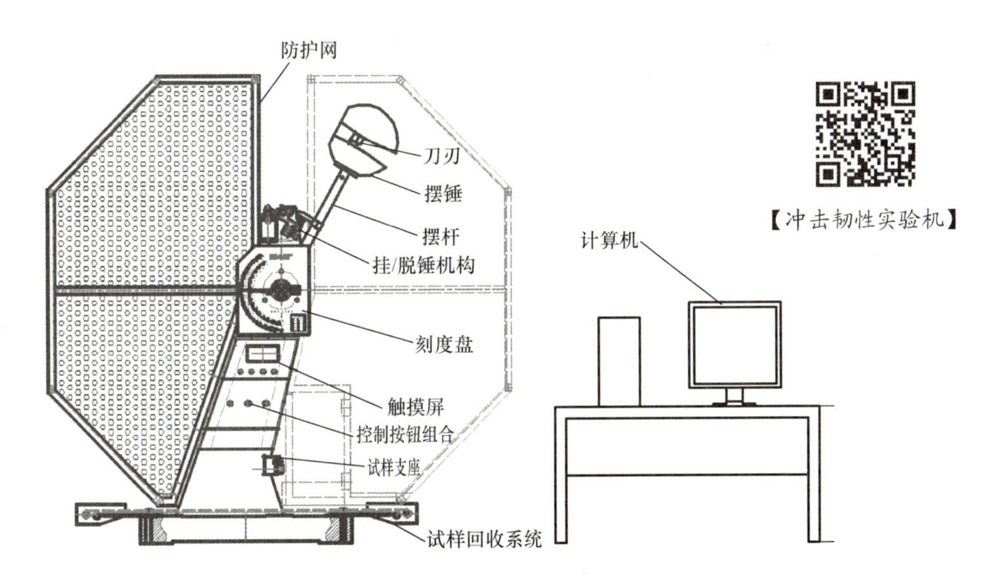

图 1-13 ZBC2000-EC 型摆锤式冲击实验机的结构

③ 按“取摆”键，摆锤抬起并升至预定角度（150°），在摆动范围内不得有人和任何障碍物。

④ 使用试样夹将试样放置于样品槽中，试样缺口背面正对摆锤刃口。

⑤ 按“冲击”键，摆锤开始冲击，并在冲击后回归最高点。

⑥ 记录冲断试样所需能量，取出被冲断的试样。

⑦ 重复步骤③～⑥，直至全部试样测试完毕。

（2）软件控制模式。

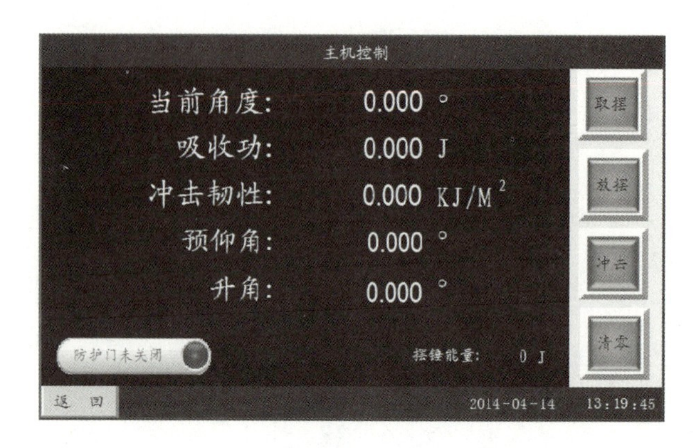

图 1-14 主机控制界面

① 检查试样的形状、尺寸及缺口质量是否符合标准要求。

② 双击桌面 ZBCTest_P44C 图标，启动软件，软件主界面如图 1-15 所示。

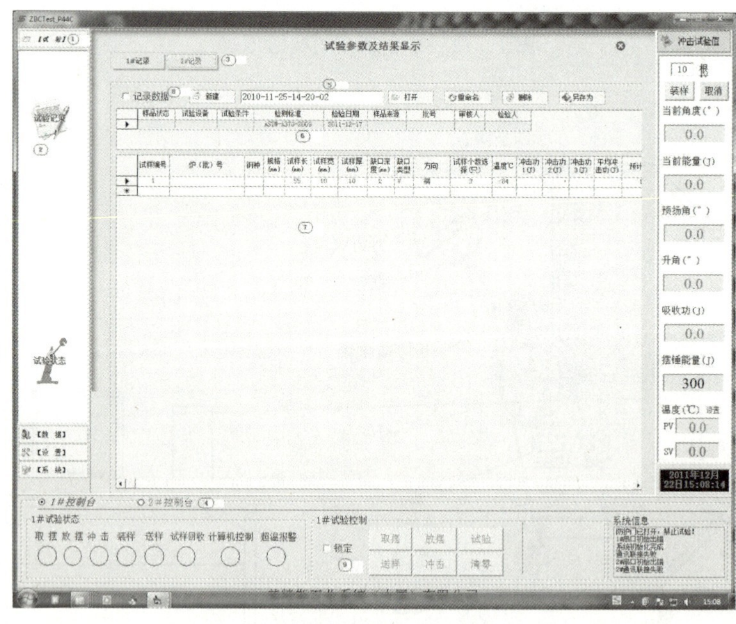

【冲击韧性测试软件主界面】

图 1-15 ZBCTest_P44C 软件主界面

③ 实验前首先进行空摆测试，以便校正实验参数，该步骤由实验教师完成。

④ 录入试样的原始信息。

⑤ 单击“取摆”按钮，摆锤逆时针上扬，直至摆锤被摇匀挂好，此时取摆动作完成。

⑥ 使用试样夹将试样放置于样品槽中，试样缺口背面正对摆锤刃口。

⑦ 单击“冲击”按钮，摆锤靠自重绕轴冲击，完成连续动作：落锤冲击→自动扬摆→挂摆。

⑧ 记录冲断试样所需能量，取出被冲断的试样。

⑨ 重复步骤④～⑧，直至全部试样测试完毕。

【注意事项】

(1) 实验完毕后必须将冲击摆放摆，以防发生意外。

(2) 若在取摆、放摆的过程中冲击摆的动作异常，需关闭控制柜的电源开关。

(3) 若控制柜的电源开关开启之前冲击摆已经挂起，开机后先控制取摆动作，再将冲击摆放下，冲击摆自由下垂静止后单击“清零”按钮清零。

【实验数据记录与处理】

实验完成后，将实验结果填入表1-9。

表1-9 Q235和HT150的冲击韧性实验结果

材　料	试样缺口处的横截面面积 F/mm^2	试样吸收的能量 U_k/J	冲击韧度 $\alpha_k/(\mathrm{kJ/m^2})$
Q235			
HT150			

【思考题】

(1) 为什么冲击试样需有切槽?

(2) 比较低碳钢和灰铸铁的冲击破坏特点。

【思考题答案】

1.5 金属材料静态拉伸实验

【实验目的】

(1) 验证胡克定律。

(2) 测定低碳钢拉伸时的强度性能指标：屈服强度 R_e 和抗拉强度 R_m。

(3) 测定低碳钢拉伸时的塑性性能指标：断后伸长率 A 和断面收缩率 Z。

(4) 测定灰铸铁拉伸时的强度性能指标：抗拉强度 R_m。

(5) 分别绘制低碳钢和灰铸铁的拉伸曲线，比较低碳钢与灰铸铁在拉伸时的力学性能和破坏形式。

【实验设备和实验材料】

实验设备：万能材料实验机、引伸计、游标卡尺。

实验材料：Q235、HT150。

【万能材料实验机】

实验材料按照国家标准GB/T 228.1—2010《金属材料 拉伸试验 第1部分：室温试验方法》进行加工。金属拉伸试样的形状按照产品的品种、规格及实验目的的不同分为圆形截面试样、矩形截面试样、异形截面试样和不经过机械加工的全截面形状试样四种。其中最常用的是圆形截面试样和矩形截面试样，本实验选用圆形截面试样。

如图1-16所示，圆形截面试样和矩形截面试样均由平行、过渡和夹持三部分组成。过渡部分以圆弧与平行部分光滑连接，以保证试样断裂时的断口在平行部分。夹持部分稍大，根据试样大小、材料特性、实验目的及万能材料实验机的夹具结构设计其形状和尺寸。

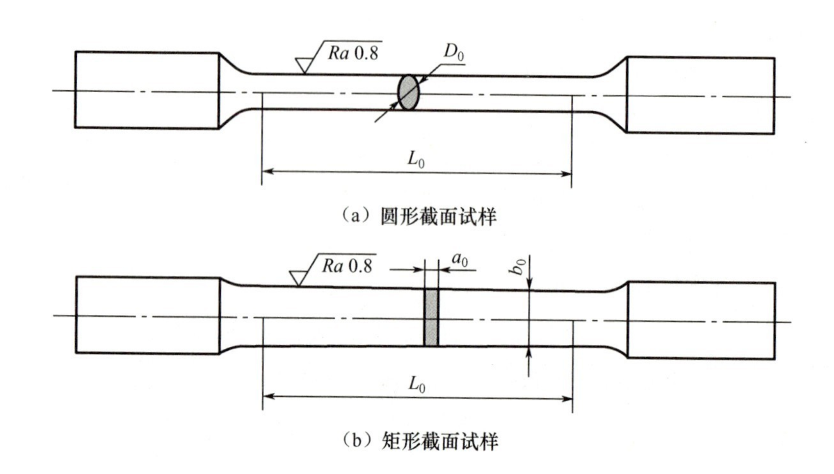

图 1-16 金属拉伸试样

(1) 圆形截面试件初始标距 L_0 与初始直径 D_0 的关系。

$$长试件: L_0/D_0=10$$

$$短试件: L_0/D_0=5$$

式中，L_0 为初始标距（mm）；D_0 为初始直径（mm）。

(2) 矩形截面试件长度 L_0 与截面面积 S_0 的关系。

$$S_0=a_0b_0$$

$$L_0=5.65\sqrt{S_0}$$

式中，S_0 为初始截面面积（mm^2）；a_0 为初始截面宽度（mm）；b_0 为初始截面长度（mm）。

【实验原理】

(1) 测定低碳钢拉伸时的强度和塑性性能指标。

① 强度性能指标。

屈服强度（屈服点的应力）R_e（N/mm^2）表示试样在拉伸过程中载荷不增加而试样仍能继续产生变形时的载荷（即屈服载荷）F_e 除以初始横截面面积 S_0 所得的应力值，即

$$R_e=\frac{F_e}{S_0}$$

抗拉强度 R_m（N/mm^2）表示试样在拉断前承受的极限载荷 F_m 除以初始横截面面积 S_0 所得的应力值，即

$$R_m=\frac{F_m}{S_0}$$

② 塑性性能指标。

断后伸长率 A 表示断后标距的增加量与初始标距的百分比，即

$$A=\frac{L_u-L_0}{L_0}\times 100\%$$

式中，L_u 为断后标距（mm）。

断面收缩率 Z 为断后最小横截面面积的缩减量与初始横截面面积的百分比，即

$$Z=\frac{S_0-S_u}{S_0}\times 100\%$$

式中，S_0 为初始横截面面积（mm^2）；S_u 为断后最小横截面面积（mm^2）。

材料的机械性能指标 R_e、R_m、A、Z 是由拉伸破坏实验确定的。低碳钢的拉伸曲线如图 1－17 所示。

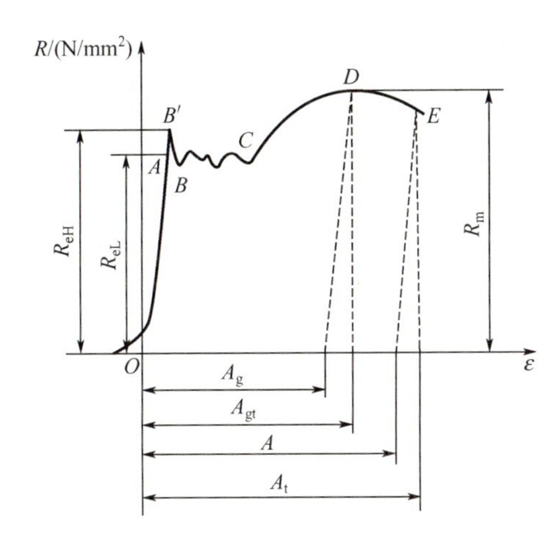

图 1－17 低碳钢的拉伸曲线

由图 1－17 中的ε－R 曲线可了解低碳钢在拉伸全过程中，应力 R 与对应应变ε 之间的关系。图中，纵坐标表示应力 R，横坐标表示应变ε，整个拉伸过程可分为以下四个阶段。

OA：弹性阶段。特征是荷载与伸长呈线性关系，服从胡克定律。

BC：屈服阶段。常呈锯齿状。图中 R_{eH} 表示上屈服强度，R_{eL} 表示下屈服强度，B' 为上屈服点，B 为下屈服点，BC 为屈服平台，此时试样变形加剧，而所受荷载几乎没有增大。

CD：强化阶段。图中 A_g 表示极限载荷 F_m 的塑性延伸率，A_{gt} 表示极限载荷 F_m 的总延伸率。沿试样长度产生均匀的塑性变形，此时 $dR/d\varepsilon>0$，且有趋于零的连续变化，表明试样的抗力随塑性变形而非线性地增大。

DE：局部变形阶段（颈缩阶段）。在 D 点，$dR/d\varepsilon=0$，荷载达到极限载荷 F_m，之后 $dR/d\varepsilon<0$，表示试样的抗力减小而变形继续增大，出现颈缩。此时变形局限于颈缩附近，直至断裂。图中 A 表示断后伸长率，A_t 表示断裂总延伸率。

（2）测定灰铸铁拉伸时的强度性能指标。

灰铸铁的拉伸曲线如图 1－18 所示。灰铸铁在拉伸过程中，当变形很小时就会断裂，万能材料实验机显示的极限载荷 F_m 除以初始横截面面积 S_0 所得的应力值即抗拉强度 R_m，即

$$R_m=\frac{F_m}{S_0}$$

实验中可测得极限荷载 F_m、断后标距 L_u、断后最小横截面面积 S_u。

由此可计算

强度极限：
$$R_m=\frac{F_m}{S_0}$$

断后伸长率：
$$A=\frac{L_u-L_0}{L_0}\times 100\%$$

断面收缩率：
$$Z=\frac{S_0-S_u}{S_0}\times 100\%$$

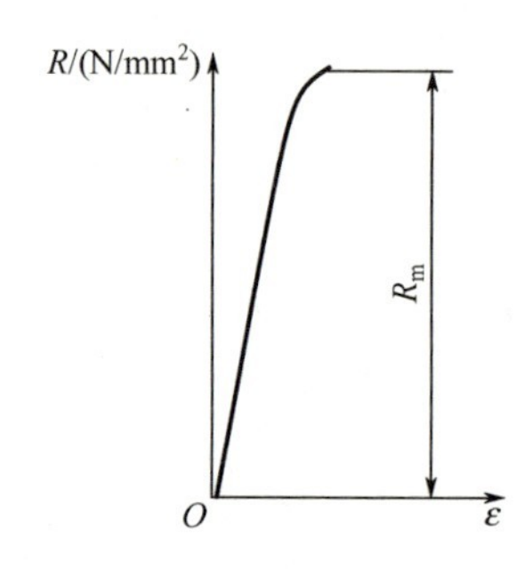

图 1－18　灰铸铁的拉伸曲线

【实验方法及步骤】

（1）试样准备。

【拉伸试验断前测量及试样安装】

为了便于观察标距范围内沿轴向的变形情况，用试样分划器或标距仪在试样标距 L_0 范围内每隔 5mm 刻划一个标记点（注意标记刻划不应影响试样断裂），将试样的标距段分成十等份。用游标卡尺测量标距两端和中间三个横截面处的直径，在每个横截面沿相互垂直的两个方向各测一次并取平均值，用三个平均值中最小者计算试样的初始横截面面积 S_0（计算时 S_0 应至少保留四位有效数字）。

（2）万能材料实验机准备。

实验前应首先合理调整万能材料实验机的限位装置（限位杆和限位块），限位装置如图 1－19 所示。双击桌面 PowerTest_D00C 图标运行软件，打开准备界面，如图 1－20 所示，主要分为试样规格输入区、实验过程控制区和实验结果显示区。实验开始前，在“试验方案”下拉列表框中选择“金属材料室温拉伸实验（程序控制）”选项，之后单击“查看试验参数”按钮，打开“编辑试验方案”对话框，如图 1－21 所示。

（3）装夹试样。

通过图 1－22 所示万能材料实验机控制面板，控制实验机上下夹头移动。先将试样安装在实验机的上夹头内，再移动实验机的下夹头（或工作台、实验机横梁）到适当位置，并夹紧试样下端（应尽量将试样的夹持段全部夹在夹头内且上下对称）。

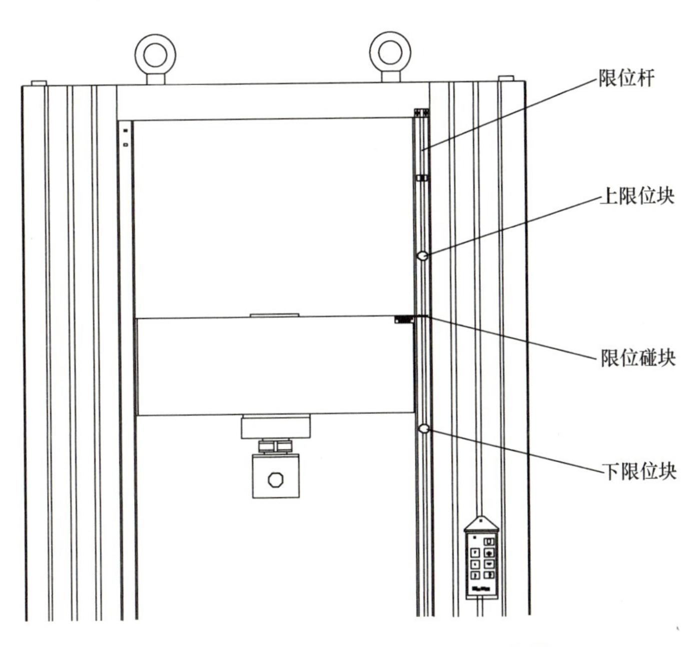

图 1-19　万能材料实验机的限位装置

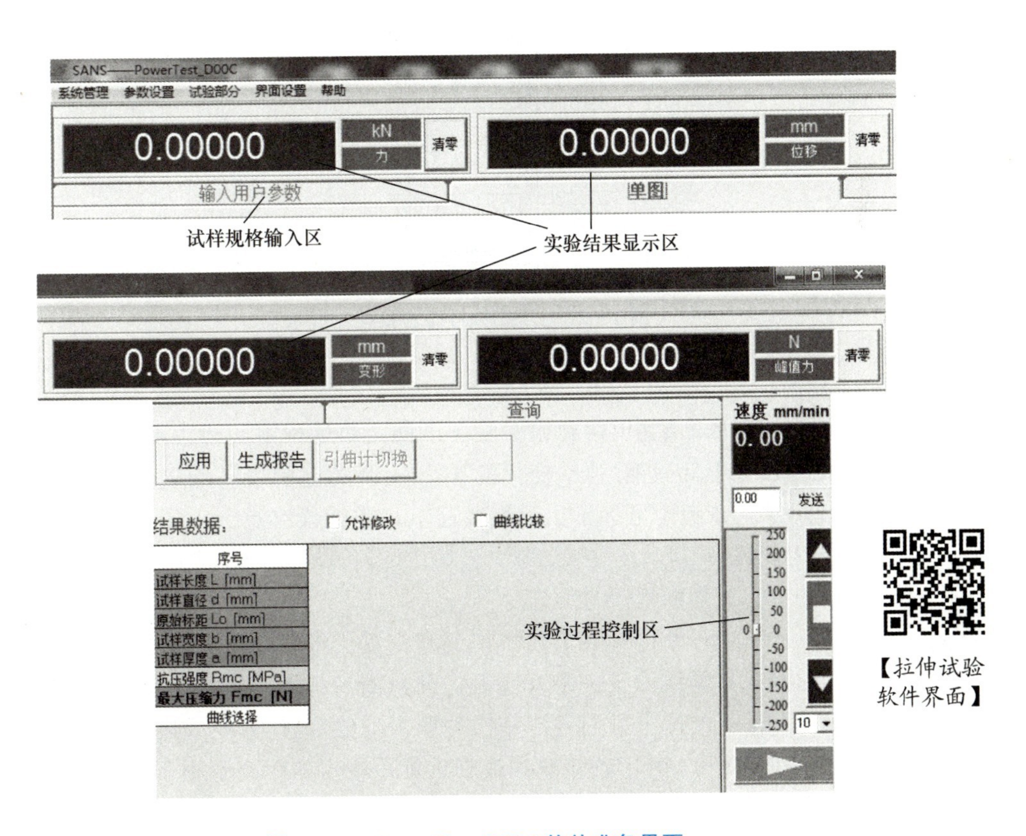

【拉伸试验软件界面】

图 1-20　PowerTest_D00C 软件准备界面

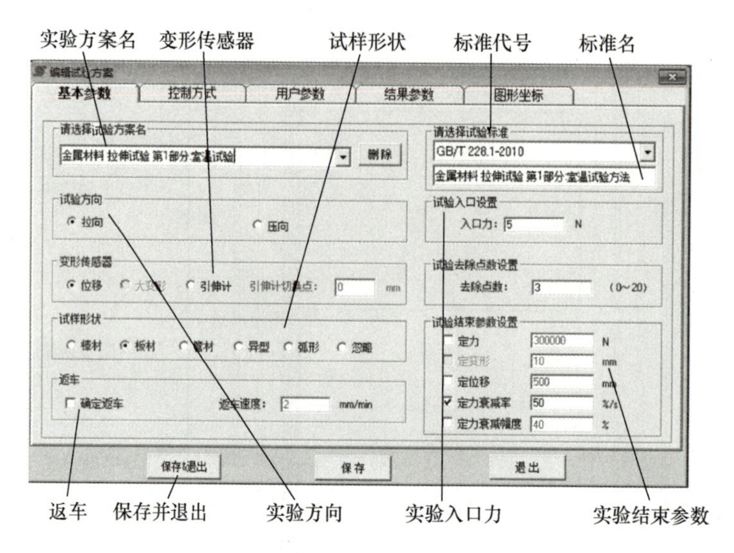

图 1-21 “编辑试验方案”对话框

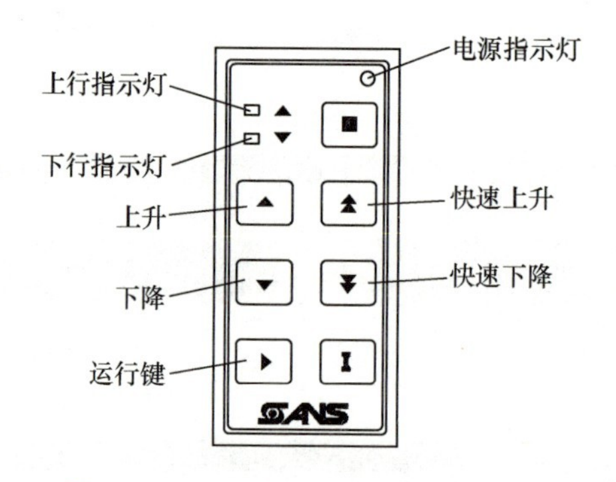

图 1-22 万能材料实验机控制面板

（4）进行实验。

单击实验过程控制区的▶按钮开始实验，借助实验过程中实验力随位移的变化趋势，帮助学生理解拉伸过程中低碳钢/铸铁变化的 4 个/1 个关键阶段。低碳钢拉伸过程的特征曲线如图 1-23 所示，在图中可标示出弹性段起点、弹性段终点、上屈服点、下屈服点等特征点，方便学生理解。

【拉伸试验断后测量】

（5）试样断后尺寸测定。

取出试样断体，观察断口情况和位置。将试样在断裂处紧密对接在一起，并尽量使其轴线处于一条直线上，测量断后标距 L_u 和断后最小直径 D_u（应沿相互垂直的两个方向各测一次并取平均值），计算断后最小横截面面积 S_u。

在测定 L_u 时，若断口到最临近标距端点的距离不小于 $1/3L_0$，则直接测量标距两端点的距离；若断口到最临近标距端点的距离小于 $1/3L_0$，则按图 1-24 所示的移位法测量：符合图 1-24（a）所示的情况，$L_u=AC+BC$；符合图 1-24（b）所示的情况，$L_u=AC_1+BC$；若断口非常靠近试样两端，而其到最临近标距端点的距离不足两等份，且测得的断后伸长率小于规定值，则实验结果无效，必须重做。此时应检查试样的质量和夹具的工作状况，以判断是否属于偶然情况。

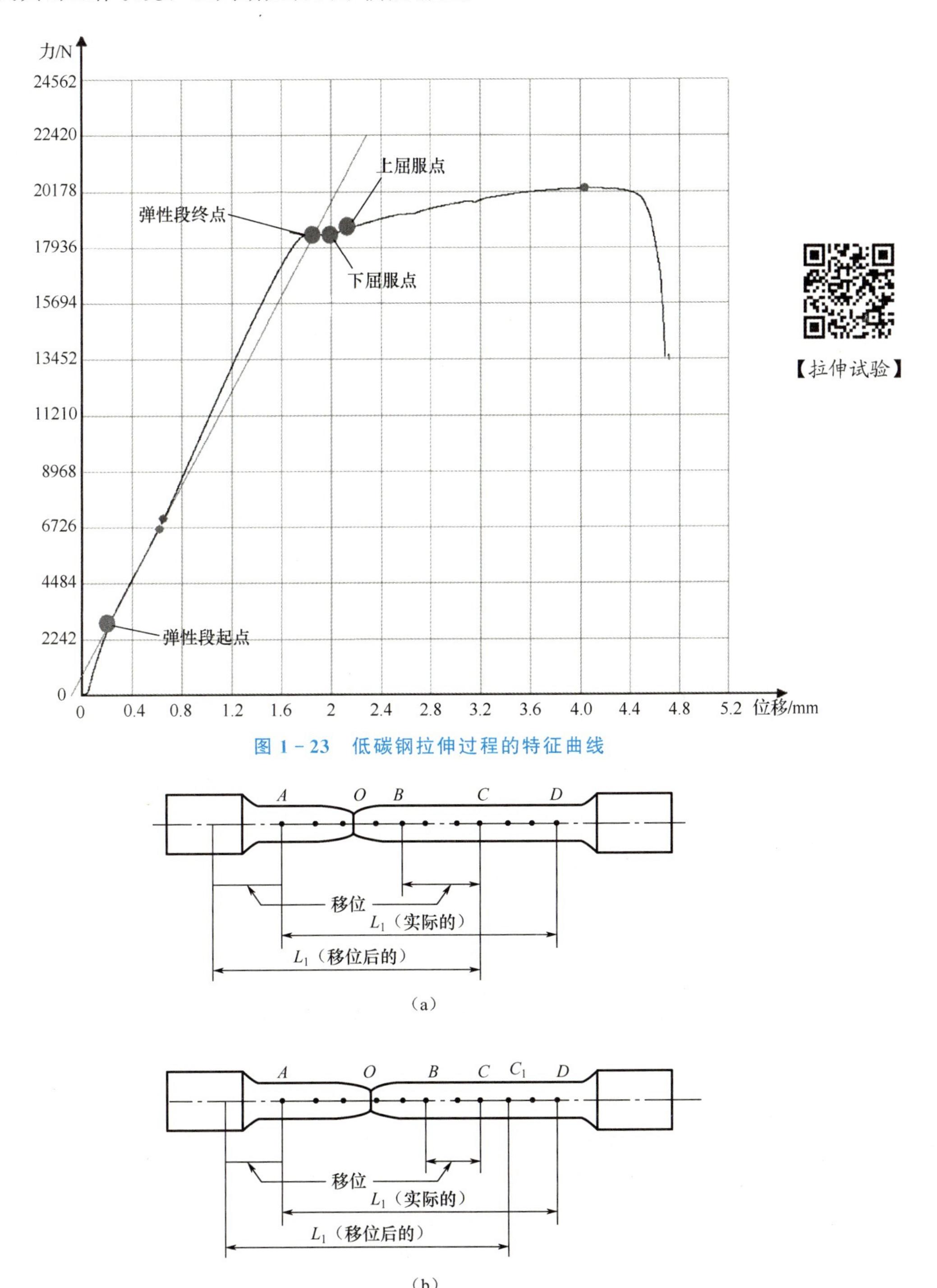

图 1－23　低碳钢拉伸过程的特征曲线

图 1－24　移位法测量 L_u

（6）实验结束。

实验结束后应关闭软件和万能材料实验机，清理实验现场。

【注意事项】

（1）实验过程中需与万能材料试验机保持一定距离，防止试样破坏时有碎片飞溅。

（2）一旦发生危险，应立刻按下“急停开关”按钮，停止实验并切断实验系统的电源。

【实验数据记录与处理】

（1）低碳钢。

初始标距：$L_0=$________　　断后标距：$L_u=$________

初始直径：$D_0=$________　　断后最小直径：$D_u=$________

初始横截面面积：$S_0=$________　　断后最小横截面面积：$S_u=$________

屈服荷载：$F_e=$________　　屈服强度：$R_e=\frac{F_e}{S_0}=$________

极限荷载：$F_m=$________　　抗拉强度：$R_m=\frac{F_m}{S_0}=$________

断后伸长率：$A=$________

断面收缩率：$Z=$________

（2）灰铸铁。

初始标距：$L_0=$________　　断后标距：$L_u=$________

初始直径：$D_0=$________　　断后最小直径：$D_u=$________

初始横截面面积：$A_0=$________　　断后最小横截面面积：$A_u=$________

极限荷载：$F_m=$________　　抗拉强度：$R_m=\frac{F_m}{S_0}=$________

（3）分别绘制低碳钢和灰铸铁的拉伸曲线。

【思考题答案】

【思考题】

（1）低碳钢和灰铸铁在常温静载拉伸时的力学性能和破坏形式有何异同？

（2）测定材料的力学性能有何实用价值？

（3）你认为产生实验结果误差的因素有哪些？应如何避免或减小其影响？

1.6　金属材料压缩实验

【实验目的】

（1）测定塑性材料压缩时的屈服强度 R_{eLc}。

（2）测定脆性材料压缩时的抗压强度 R_{mc}。

（3）分别绘制低碳钢和铸铁的压缩曲线，比较低碳钢与铸铁在压缩后的破坏形式。

（4）比较压缩和拉伸时的力学曲线和破坏形式。

【实验设备和实验材料】

实验设备：万能材料实验机、引伸计和游标卡尺。

实验材料：Q235、HT150。

对于低碳钢和高碳钢类金属材料，按照 GB/T 7314—2017《金属材料 室温压缩试验方法》的规定，金属材料的压缩试样多采用圆柱体［图 1－25（a）］。试样的长度 L 一般为直径 d 的 2.5～3.5 倍，d=10～20mm；也可采用正方形柱体［图 1－25（b）］。要求试样端面尽量光滑，以减小摩擦阻力对横向变形的影响。

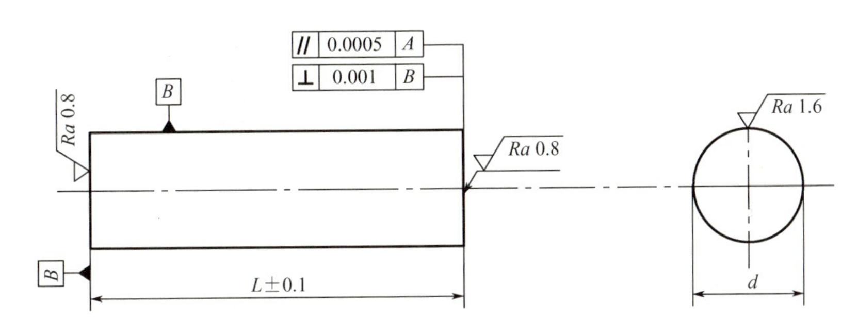

（a）圆柱体试样

L—试样长度（mm）［L=(2.5～3.5)d、(5～8)d 或(1～2)d］；

d—试样原始直径（mm）［d=(10～20)±0.05］

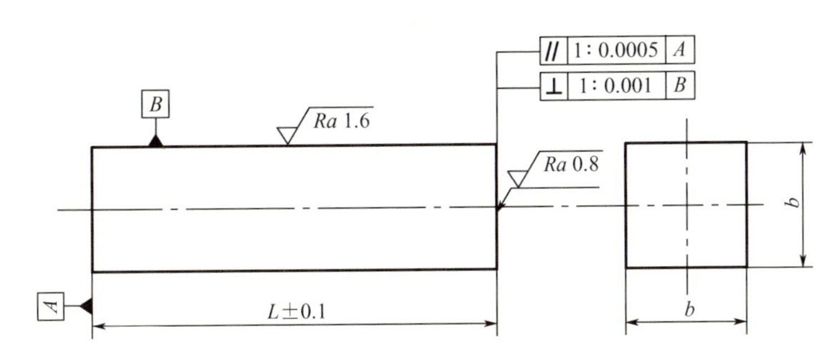

（b）正方形柱体试样

L—试样长度（mm）［L=(2.5～3.5)d、(5～8)d 或(1～2)d］

d—试样初始宽度（mm）［d=(10～20)±0.05］

图 1－25　金属压缩试样

【实验原理】

（1）测定低碳钢压缩时的屈服强度性能指标。

以低碳钢为代表的塑性材料，轴向压缩时会产生很大的横向变形，但由于试样两端面与实验机支承垫板间存在摩擦力，约束了这种横向变形，因此试样出现显著的鼓胀效应，如图 1－26 所示。为了减小鼓胀效应的影响，除了将试样端面制作得光滑以外，还可在端面涂润滑剂以最大限度地减小摩擦力。低碳钢的压缩曲线如图 1－27 所示。由于试样越压越扁，横截面面积不断增大，试样抗压能力也随之提高，因此压缩曲线越来越陡。从压缩曲线可以看出，塑性材料受压时在弹性阶段的比例极限、弹性模量和屈服阶段的屈服点（下屈服强度）与拉伸时是相同的。但压缩实验过程中到达屈服阶段时没有拉伸实验时明显，因此要仔细观察才能确定屈服荷载 F_{eLc}，从而得到压缩时的屈服点强度（或下屈服强度）$R_{eLc}=F_{eLc}/S_0$。由于低碳钢类塑性材料不会发生压缩破裂，因此一般不测定其抗压强度（或强度极限）R_{mc}，通常认为抗压强度等于抗拉强度。

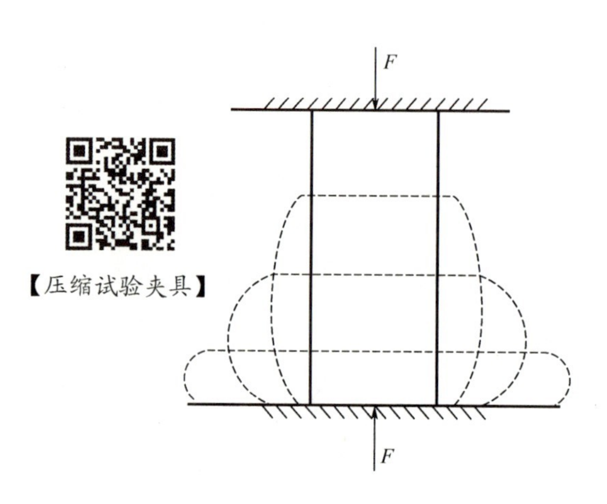

图 1－26　低碳钢压缩时的鼓胀效应

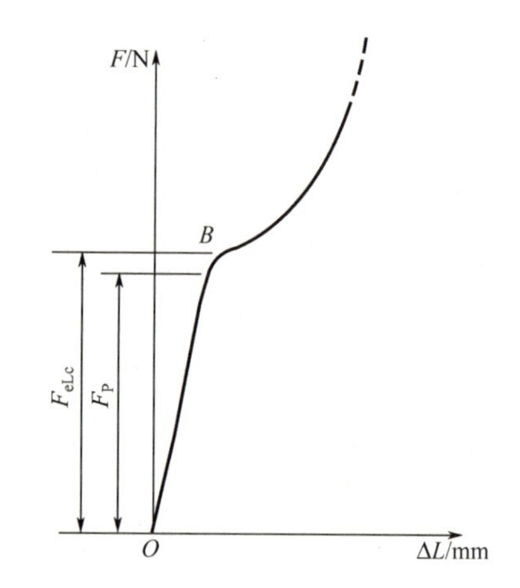

图 1－27　低碳钢的压缩曲线

（2）测定铸铁压缩时的强度性能指标。

对铸铁类脆性金属材料进行压缩实验时，利用万能材料实验机的自动绘图装置，可绘出铸铁的压缩曲线，如图 1－28 所示。由于轴向压缩塑性变形较小，因此曲线为上凸的光滑曲线，压缩图上无明显直线段、无屈服现象，压缩曲线较快达到最大压力 F_{mc}，试样突然破裂。用压缩曲线上最高点对应的最大压力值 F_{mc}除以初始横截面面积 S_0，即得抗压强度 R_{mc}。在压缩实验过程中，当压应力达到一定值时，试样在与轴线呈 45°～55°的方向上破裂，如图 1－29 所示，这是由于铸铁类脆性材料的抗剪强度远低于抗压强度，试样被剪断。

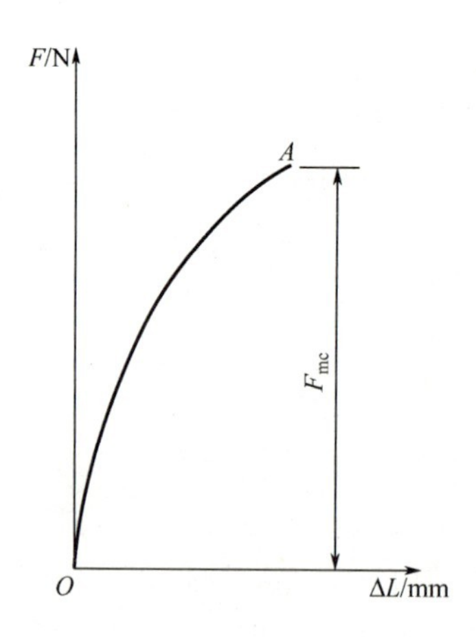

图 1－28　铸铁的压缩曲线

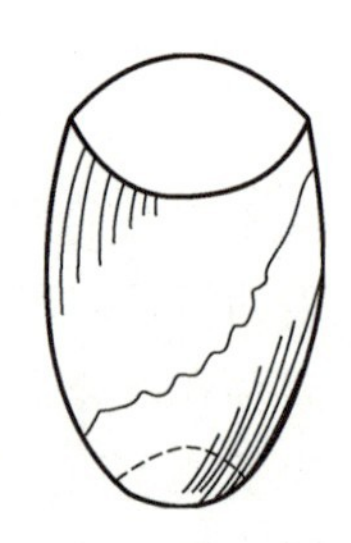

图 1－29　铸铁压缩破裂示意

（3）其他压缩性能指标。

相对压缩率 A 为断后试样标距的减少量与初始标距的百分比，即

$$A=\frac{L_0-L_u}{L_0}\times 100\%$$

式中，L_0 为初始标距（mm）；L_u 为断后标距（mm）。

断面收缩率 Z 为拉断后试样在断裂处的最小横截面面积的缩减量与原始横截面面积的百分比，即

$$Z=\frac{S_u-S_0}{S_0}\times 100\%$$

式中，S_0 为初始横截面面积（mm^2）；S_u 为压缩后的试样在鼓肚处的最大横截面面积（mm^2）。

【实验方法及步骤】

（1）试样准备。用游标卡尺在试样两端及中间两个相互垂直方向上测量直径，并取算术平均值，选用三处中的最小直径来计算初始横截面面积 S_0。

（2）万能材料实验机准备。实验前应先合理调整实验机的限位装置（限位杆和限位块），具体操作参照 1.5 节。

（3）装夹试样。具体操作参照 1.5 节。

（4）进行实验。具体操作参照 1.5 节。

（5）试样断后尺寸测定。对于低碳钢，取下试样后直接测量试样的标距（用游标卡尺测量试样两端面之间的距离）和鼓肚处的最大直径（应沿相互垂直的两个方向各测一次并取平均值），计算断后最大横截面面积；对于高碳钢，将试样在断裂处紧密对接在一起，并尽量使其轴线处于一条直线上，测量断后标距和鼓肚处的最大直径，计算断后最大横截面面积。

（6）实验结束。实验结束后清理实验现场，将所用仪器设备全部恢复原状。

【注意事项】

（1）实验时必须严格遵守仪器设备的各项操作规程，启动万能材料实验机后，操作者不得离开工作岗位。如实验中发生故障，应立即停机。

（2）做高碳钢试样压缩实验时，需在试样周围安放防护网，以防试样破裂时碎片飞溅伤人。

【实验数据记录与处理】

（1）压缩试样初始尺寸数据和压缩试样压缩过程数据分别见表 1－10 和表 1－11。

表 1－10 压缩试样初始尺寸数据

材料及状态	初始标距 L_0/mm	初始直径 D_0/mm									初始横截面面积 S_0/mm^2
		截面Ⅰ			截面Ⅱ			截面Ⅲ			
		1	2	平均	1	2	平均	1	2	平均	

表 1－11 压缩试样压缩过程数据

材料及状态	断后标距/mm	断口横截面直径/mm	断口横截面面积/mm^2	相对压缩率/(%)	相对断面扩展率/(%)	断裂实验力/N	断裂强度/MPa	压断时的实际应力/MPa	断后宏观特征

（2）绘制压缩曲线，在曲线上标出特征值。

（3）对比低碳钢和铸铁压缩实验后的破坏特征。

【思考题答案】

【思考题】

（1）热处理工艺对压缩性能和断口形貌各有何影响？

（2）铸铁压缩时通常沿着45°～55°的方向断裂，通过理论分析，解释出现该现象的原因。

（3）你认为产生实验结果误差的因素有哪些？应如何避免或减小其影响？

1.7 数控线切割加工实验

【实验目的】

（1）了解数控线切割加工的原理、特点和应用。

（2）了解数控线切割机床的结构和保养常识。

（3）掌握数控线切割机床的基本操作方法。

【实验设备和实验材料】

实验设备：NH7732－63B型数控线切割机床、游标卡尺、各类扳手等。

NH7732－63B型数控线切割机床的主要结构如图1－30所示，包括机床主机和脉冲电源。

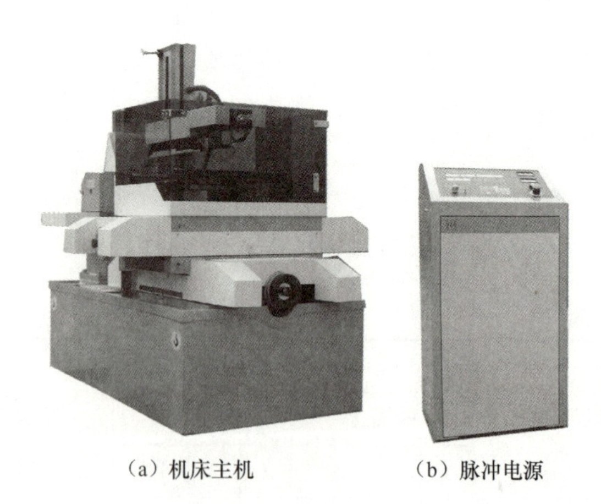

（a）机床主机　　（b）脉冲电源

图1－30　NH7732－63B型数控线切割机床的主要结构

（1）机床主机由床身、运丝部件与丝架、锥度装置、工作台、附件等组成。

① 床身。床身是一个基座。因为该机床切削力小，所以床身和地基采用垫铁接触。床身上安装中拖板和上拖板，通过螺母丝杆运动，实现工作台的运动。床身后部连接立柱、锥度装置及卷丝筒组合件。

② 运丝部件与丝架。运丝部件上的卷丝筒旋转，带动电极丝往复运动，丝架上的排丝轮和导轨用于保持电极丝的运动轨迹，导电块用来给电极丝施加高频电。

③ 锥度装置。用于实现锥度切割。

④ 工作台。工作台上有T形槽，用来安装夹紧装置。

⑤ 附件。附件包括上丝机构、紧丝轮组合、断丝保护装置、顶尖夹具等。

（2）脉冲电源又称高频电源，是线切割加工中提供加工电源的部件。主要调节功能如下。

① 功率管数量选择开关。共8个开关，全部开通时峰值电流最大，全部关闭时峰值电流最小。根据加工工件的厚度选择功率管数量：一般厚度为2～5mm时开2～3个；5～10mm时开3～4个；最多开6个，留2个备用。

② 脉冲宽度开关。分10挡，可调节脉冲电流宽度。脉冲宽度大时，放电能量大，可加工较厚材料。增大脉冲宽度还可加快加工速度，但对表面质量有影响。脉冲宽度选择4～5挡。

③ 脉冲间隔开关。调节脉冲间隔。调整脉冲间隔比例可提高加工的稳定性。脉冲间隔开关调节范围大于4且小于12。

实验材料：一块厚度约为2.5mm的钢板。

【实验原理】

线切割加工是电火花加工的一种，其基本原理如图1-31所示。被切割的工件作为工件电极，钼丝作为工具电极，脉冲电源发出一连串脉冲电压，加到工件电极和工具电极上。钼丝与工件之间施加足够量的具有一定绝缘性能的工作液。当钼丝与工件之间的距离小到一定程度时，在脉冲电压的作用下，工作液被击穿，在钼丝与工件之间形成瞬间放电通道，产生瞬时高温，使金属局部熔化甚至汽化而被蚀除。电极丝与工件之间脉冲放电，电极丝沿其轴向（垂直或Z方向）做走丝运动，工件相对于电极丝在X、Y向做数控运动，工作台在两个坐标方向按各自预定的控制程序，根据火花间隙状态做伺服进给运动，从而合成各种曲线轨迹，将工件切割成型。

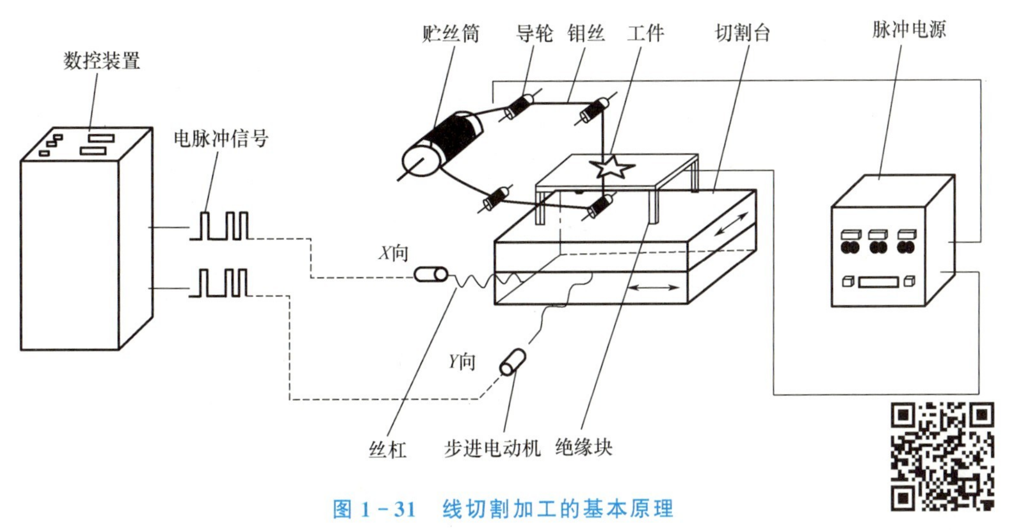

图1-31 线切割加工的基本原理

【线切割过程】

线切割加工设备一般由脉冲电源、数控装置、机床床身、工作液、循环过滤系统组成，如图1-32所示。脉冲电源为电火花加工提供放电能量。数控装置使电极与工件之间维持适当的间隙距离（通常为几微米到几百微米），防止发生短路、拉弧烧伤等异常情况。

机床床身为加工过程提供支撑，并使电极与工件的相对运动保持一定的精度。工作液有助于脉冲放电，并起冷却及间隙消电离（使通道中的带电粒子恢复为中性粒子）作用。循环过滤系统保证蚀出产物有效排出，以防止工作液中的导电微粒过多而降低绝缘强度。

【线切割设备】

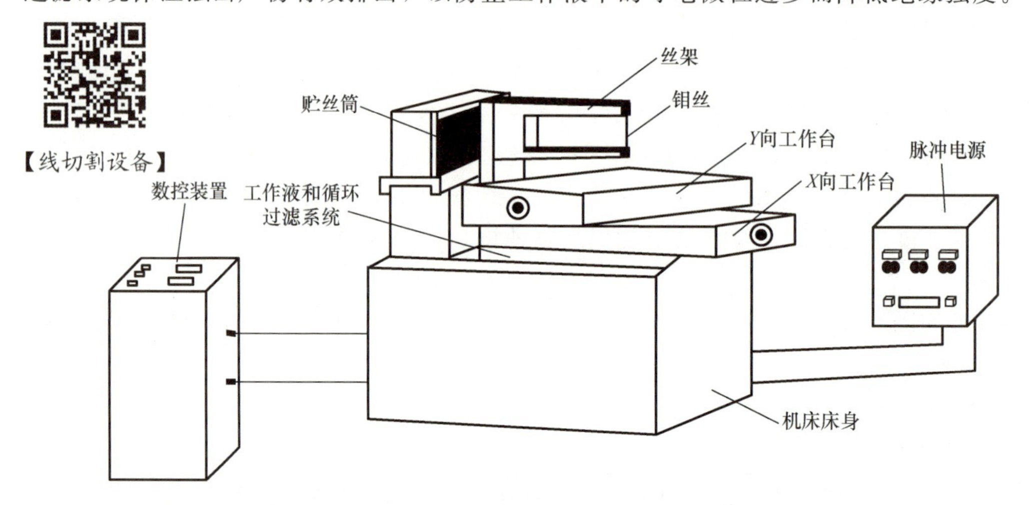

图 1-32　线切割加工设备的组成

【实验方法及步骤】

（1）启动电源开关，NH7732-6B 型数控线切割机床的操作面板如图 1-33 所示。

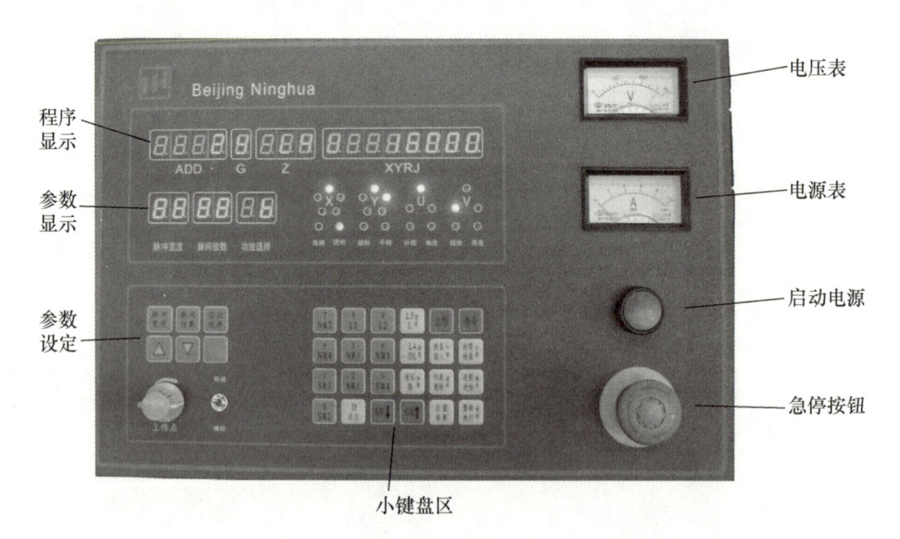

图 1-33　NH7732-63B 型数控线切割机床的操作面板

（2）将加工程序输入控制主机，修改、检查、后置、存储、调用加工程序。NH7732-63B 型数控线切割机床编程范例见附录 3。

（3）根据工件的厚度调节丝架跨距（允许安装电极丝后调整，但必须在起动运丝电动机前，切割工件时不得调节跨距），绕电极丝（电极丝缠绕结束后，应手动紧丝 1～2 次，紧丝时用力均匀），将工件安装在夹具上。

（4）起动运丝电动机；起动水泵电动机，并调节喷水量，开高频，选择电参数。

(5) 启动程序，切割时，调节电位器旋钮，观察机床电流表的指针是否稳定。

(6) 加工结束后，应先关闭脉冲电源，然后关闭水泵电动机，再关闭运丝电动机，检查 X、Y 坐标是否到终点。当 X、Y 坐标到终点后，拆下工件并检查质量。

【注意事项】

(1) 起动运丝电动机时不得接触贮丝筒、电极丝和工件，且必须保证手摇把不在贮丝筒上。

(2) 起动水泵时，先把调节阀调至关闭状态，然后逐渐开启，调节至上下水柱包容电极丝，水柱射向切割区即可。水量不可过大，避免冷却液飞溅。

(3) 如工作中发生意外情况或误操作，应立即按操作面板上的急停按钮（红色）。

【实验数据记录与处理】

记录实验过程中试样加工的“3B 指令”。

【思考题】

(1) 简述线切割加工的原理和特点。

(2) 线切割设备日常保养的“十字方针”是什么？

(3) 如何提高加工质量？

【思考题答案】

1.8 金相显微样品的制备及光学显微镜的使用

【实验目的】

(1) 掌握制备金相试样的基本方法。

(2) 掌握金相显微镜的操作方法。

【实验设备和实验材料】

实验设备：MDJ200 型金相显微镜（图 1-34）、金相抛光机、金相砂纸、抛光剂、浸蚀剂、酒精、玻璃器皿、夹子、脱脂棉等。

实验材料：20 钢和 T12 钢。

【实验原理】

(1) 金相显微镜。

利用金相显微镜研究金属和合金组织的方法称为光学显微分析法。光学显微分析法可以解决金属组织方面的很多问题，如非金属夹杂物，金属与合金的组织，晶粒的大小和形状，偏析、裂纹及热处理工艺是否合理等。

光学金相显微镜一般包括放大系统、光路系统和机械系统三部分，其中放大系统是显微镜的关键部分。

使用 MDJ200 型金相显微镜观察试样显微组织的具体步骤如下。

① 旋转电位器转盘，接通电源，调节电位器至亮度适中。

② 确认先前所选载物片是否合适，再将待观察试样放置在载物片上，被观察面朝下，用压簧片固定试样。旋转载物台手轮，将试样移入光路。

③ 转动物镜转换器（手握转换器外圆的齿纹部分），将低倍物镜（常用 10×物镜）置

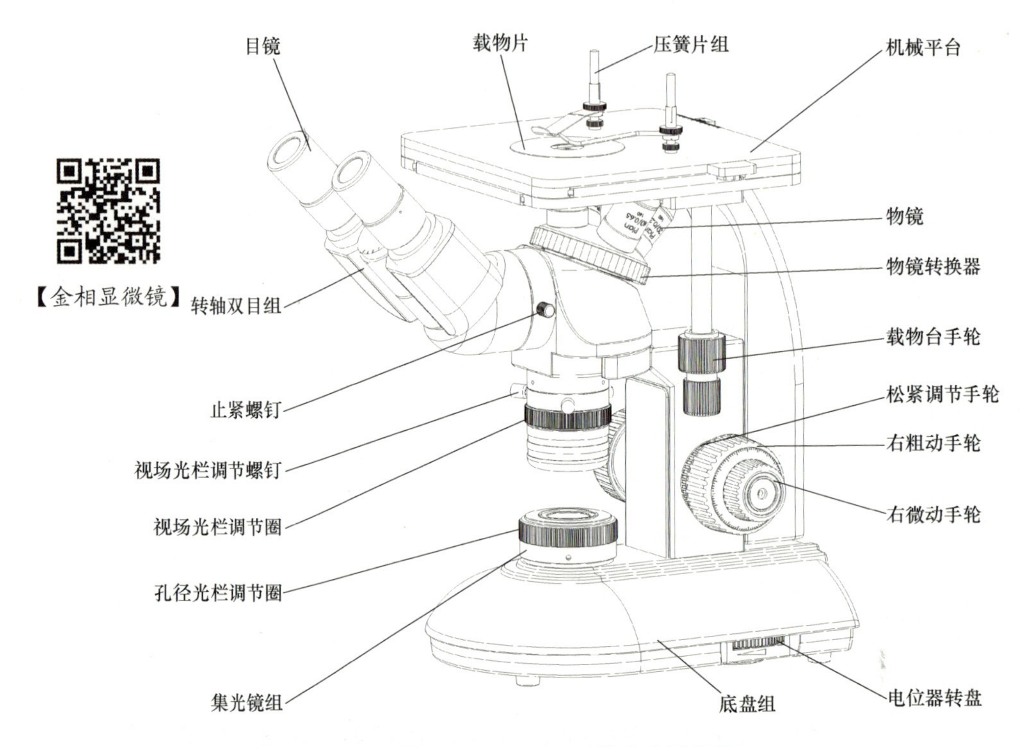

图 1-34 MDJ200 型金相显微镜

入光路。慢慢转动粗动手轮，用左眼从左固定筒目镜观察，看到物像大致轮廓后，转动微动手轮，使成像清晰。然后将高倍物镜置入光路。

④ 调节光栏（图 1-35）。

转动视场光栏调节圈，将视场光栏调至小于目镜的视场，此时可看到完整的视场光栏像。调整视场光栏调节螺钉，使视场光栏像的中心与目镜视场中心基本重合。再将视场光栏像移至略小于目镜视场再次调节，光栏中心与视场中心更加吻合后，调大视场光栏，使视场光栏像消失于目镜视场范围之外即可。

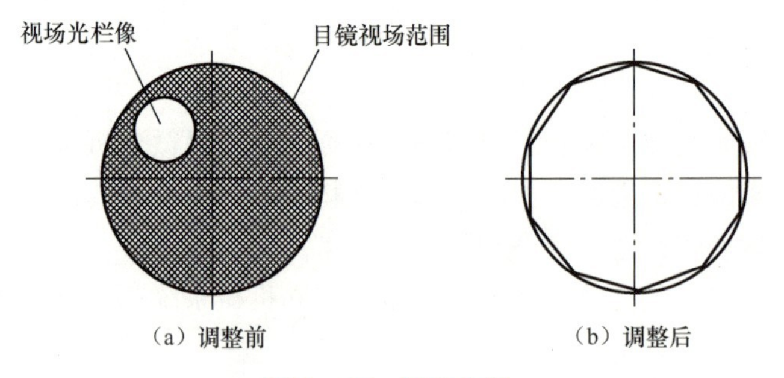

图 1-35 调节光栏

⑤ 调节孔径光栏（图 1-36）。

转动孔径光栏调节圈可改变孔径光栏的大小，从而改变被观察试样的衬度。取下目镜，直接从目镜筒观察，调整孔径光栏大小，使孔径光栏像充满物镜出瞳直径的 70%～80%，获得衬度较好的图像。

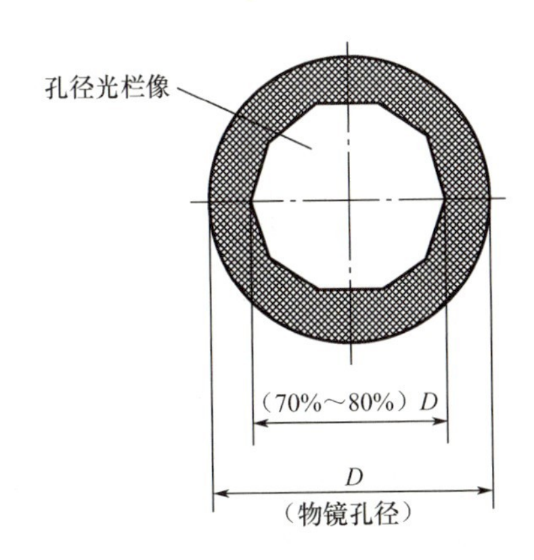

图 1-36　调节孔径光栏

⑥ 观察试样。

要观察试样的特点，需选用适当倍率的物镜和目镜。调节孔径光栏及灯泡亮度，再调节微动手轮，使成像清晰，即可获得满意的图像。调节微动手轮的方法如图 1-37 所示。

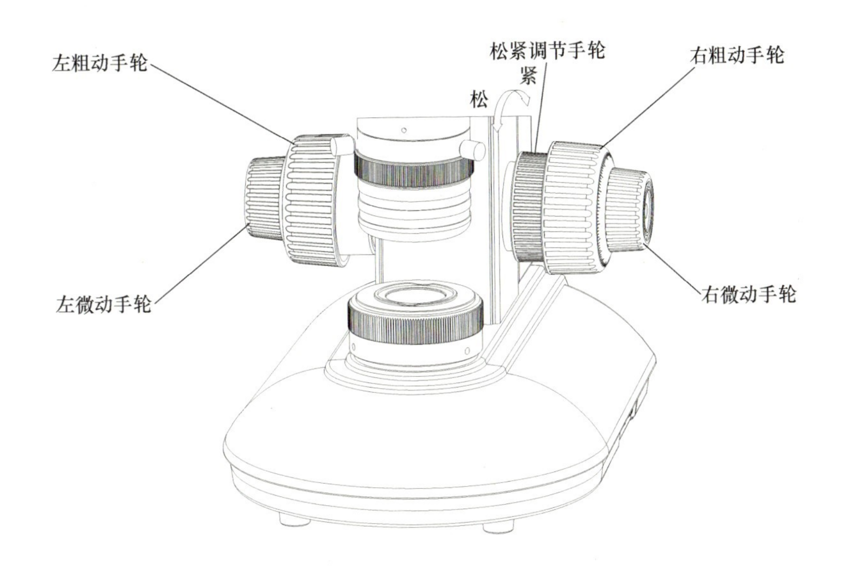

图 1-37　调节微动手轮的方法

（2）金相试样的制备与观察。

【金相试样制备】

金相试样是用来在显微镜下进行分析、研究的试样。金相试样的制备过程包括取样、磨制、抛光、浸蚀等。

① 取样。

应根据研究目的，选取显微试样中有代表性的部位。例如，在检验和分析失效零件的损坏原因时，除了在损坏部位取样外，还需要在距破坏较远的部位取样，以便比较；在研究金属铸件组织时，由于存在偏析现象，因此必须同时选取表层和中心的试样进行观察；对轧制和锻造材料，则应同时选取横向（垂直于轧制方向）和纵向（平行于轧制方向）的试样，以便分析比较表层缺陷及非金属夹杂物的分布情况；对于一般热处理后的零件，由于金相组织比较均匀，可在任一截面选取试样。试样的截取方法视材料的性质而异，软的材料可手工锯或用锯床切割；硬而脆的材料（如白口铸铁）可用锤击取下；极硬的材料（如淬火钢）可采用砂轮片或电火花切割。但无论用哪种方法取样，都应避免因受热或变形引起试样金属组织变化。为防止试样受热，必要时应随时用水冷却。试样尺寸一般不宜过大，应便于握持和易磨制，常采用直径为 12～15mm 的圆柱体或边长为 12～15mm 的正方体。对于形状特殊或尺寸小、不易握持的试样，或为了试样不发生倒角，可采用镶嵌法（图 1 - 38）和机械装夹法。

【金相试样镶嵌机】

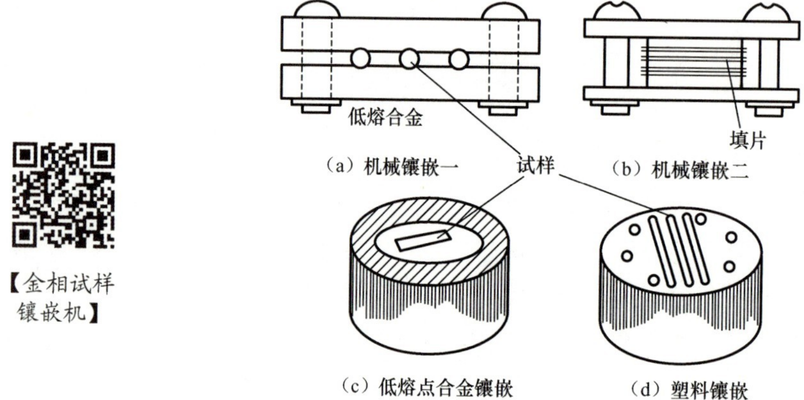

图 1 - 38　镶嵌法

镶嵌法是将试样镶嵌在镶嵌材料中，目前使用的镶嵌材料有热固性材料（如胶木粉）、热塑性材料（聚乙烯、聚合树脂）等。还可将试样放在金属圈内，然后注入低熔点物质，如低熔点合金等。

② 磨制。

磨制一般包括粗磨和细磨两道工序。

粗磨的目的是获得一个平整的表面。截取试样后，用砂轮或锉刀将试样的磨面制成平面，同时倒角。在砂轮上磨制时，应握紧试样，压力不宜过大，并随时用水冷却，以防受热引起金属组织变化。经粗磨后的试样表面虽较平整，但仍存在较深的磨痕。

细磨的目的就是消除这些磨痕，以得到平整而光滑的磨面，并为抛光做好准备。用水冲洗粗磨好的试样并擦干后，依次用由粗到细的金相砂纸磨光磨面。试样磨面上的磨痕变化情况如图1-39 所示。常用金相砂纸型号有 280、320、400、600、800、1000、1200 等，随着砂纸型号增大，磨粒逐渐变细。磨制时砂纸应平铺于厚玻璃板或者光滑桌面上，左手按住砂纸，右手握住试样，使磨面朝下并与砂纸接触，在轻微压力作用下向前推行磨制，用力均匀，力求平稳；否则会使磨痕过深，造成磨面变形。试样退回时不能与砂纸接触，以保证磨面平整而不产生弧度。在调换更细砂纸时，应将试样上的磨屑和砂粒清除干净，并转动 90°，与上一道磨痕方向垂直，继续进行“单方向”磨制。反复进行这种“单方向”的操作，直至磨面上旧的磨痕被磨掉，新的磨痕均匀一致为止。为了加快磨制速度，除手工磨制外，还可以将不同型号的砂纸贴在带有旋转圆盘的预磨机上磨制。常用金相砂纸型号见表 1 - 12。

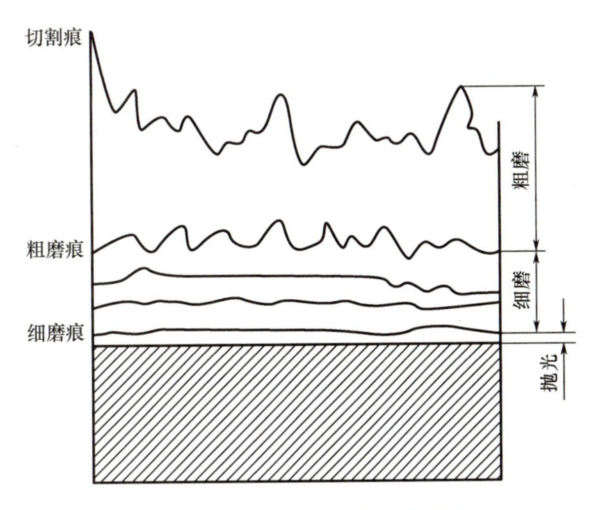

图 1-39 试样磨面上的磨痕变化情况

表 1-12 常用金相砂纸型号

金相砂纸型号	280	320	400	500	600	800	1000	1200
砂粒尺寸/μm	>40	40～28	28～20	20～14	14～10	10～7	7～5	5～3.5

③ 抛光。

【预磨机与抛光机】

抛光的目的是去除细磨时磨面上遗留下来的细微磨痕和变形层，以获得光滑的镜面。常用的抛光方法有机械抛光、电解抛光和化学抛光三种，其中以机械抛光应用最广。

机械抛光在专用的抛光机上进行。抛光机主要由电动机和抛光圆盘（直径为 200～300mm）组成，抛光盘的转速为 200～1200r/min。抛光盘上铺以细帆布、呢绒、丝绒等。抛光时在抛光盘上不断滴注抛光液，抛光液通常采用 Al_2O_3、MgO 或 Cr_2O_3 等细粉末（粒度约为 0.5～5μm）在水中的悬浮液。机械抛光就是靠极细的抛光粉对磨面的机械作用来消除磨痕，使磨面成为光滑的镜面。可按不同要求选用抛光织物和磨料。对于抛光织物的选用，钢一般用细帆布和丝绒；为防止石墨脱落或曳尾，灰铸铁可用没有绒毛的织物；铝、镁、铜等有色金属可用细丝绒。对于磨料的选用，一般钢、铸铁用 Al_2O_3、Cr_2O_3 及金刚石研磨膏；有色金属等软材料用细粒度的 MgO。

本实验中使用的抛光布主要有海军呢和丝绒两种。操作时将试样磨面均匀地压在旋转的抛光盘上，从圆盘的边缘到中心不断做径向往复运动。同时，试样自身略加旋转，以便各部分抛光程度一致及避免曳尾现象出现。抛光过程中抛光液滴注量的确定以试样离开抛光盘后，表面的水膜在数秒后可自行挥发为宜。抛光过程中可以不断地加入清水，以保持抛光布湿润。

抛光后试样的磨面应光亮无痕，且石墨或夹杂物等不应脱落或有曳尾现象。抛光后的试样应用清水冲洗干净，然后用酒精冲去残留水滴，再用吹风机吹干。

④ 浸蚀。

抛光后试样的磨面是光滑镜面，若直接在显微镜下观察，只能看到一片亮光，除某些非金属夹杂物、石墨、孔洞、裂纹外，无法辨别出各种组成物及其形态特征。必须经过适当的浸蚀，才能使显微组织正确地显示出来。目前，最常用的浸蚀方法是化学浸蚀法。化学浸蚀法是将抛光好的试样磨面在化学浸蚀剂（常用酸、碱、盐的酒精或水溶液）中浸蚀或擦拭一定时间。由于金属材料中各相的化学成分和结构不同，因此具有不同的电极电位，在浸蚀剂中就构成了许多微电池，电极电位低的相为阳极，被溶解；电极电位高的相为阴极，保持不变，使得浸蚀后的表面凹凸不平。在显微镜下，由于光线在各处的反射情况不同，因此能观察到金属的组织特征。

虽然金属中各晶粒的成分相同，但由于原子排列位向不同，因此磨面上各晶粒的浸蚀程度不同，在垂直光线照射下，各晶粒呈现出明暗不同的颜色。

化学浸蚀剂的种类很多，应按金属材料的种类和浸蚀的目的进行选择。本实验中的实验材料为碳钢，采用的浸蚀剂为4%硝酸酒精溶液。

浸蚀时，应将试样磨面向下浸入一个盛有浸蚀剂的容器内，并不断地轻微晃动（或用棉花沾浸蚀剂擦拭磨面），待浸蚀适度后取出试样，迅速用水冲洗，接着用酒精冲洗，最后用吹风机吹干，其表面需严格保持清洁。浸蚀时间要适当，一般试样磨面发暗时即可停止，主要取决于金属的性质、浸蚀剂的浓度及观察时显微镜的放大倍数。总之，浸蚀时间以在显微镜下能清晰地显示出组织的细节为准。若浸蚀不足，可再进行浸蚀；若浸蚀过度，试样则须重新抛光，甚至还须在最后一号砂纸上磨光。对于实验中的20钢和T12钢，在4%硝酸酒精溶液中的浸蚀时间为10s左右。

【20钢、35钢、45钢、T8钢、灰铸铁、球磨铸铁的显微组织】

⑤ 观察与记录显微组织特征。

用显微镜在100～400倍不同放大倍数下观察制备好的样品的显微组织，体会放大倍数不同对组织观察和景深的影响；绘制组织特征图，图下标注材料名称、热处理规程、总放大倍数、浸蚀剂、样品组织等。

⑥ 金相制备及观察过程中的注意事项。

a. 用砂纸磨制时，要用力均匀，一定要磨平检验面，转动样品表面，观察表面的反光变化程度。更换砂纸时，勿将砂粒带入下一道工序。

b. 浸蚀过程中注意试样的位置，不要把整个试样放入盛有浸蚀液的玻璃器皿中，还要注意不要将手放入浸蚀液中，以免伤害皮肤。

c. 抛光后吹干和浸蚀之间的动作衔接一定要顺畅，以防氧化污染。浸蚀完毕后，必须彻底吹干手与试样，一定要充分干燥，方可在显微镜下观察分析。

【实验方法及步骤】

（1）实验前认真阅读实验教程，了解实验步骤及相关实验操作流程。

（2）实验指导教师现场讲解金相显微镜的构造、使用方法等，并让学生进行实际操作，熟悉金相显微镜观察显微组织的步骤。

（3）由实验指导教师现场讲解和演示金相试样制备的基本操作过程，并强调操作过程中的注意事项。

（4）学生每人领取一块试样，练习试样制备全过程，直至制成合格的金相试样并浸蚀完毕。

（5）在金相显微镜下观察所制备试样的显微组织特征并记录。

【注意事项】

（1）操作者的手必须洗净、擦干，并保持环境清洁、干燥。

（2）更换物镜、目镜时要格外小心，避免失手落地。

（3）切忌同时用力反向旋转左、右粗（微）动手轮，否则会损坏调焦机构。

（4）变换不同倍率物镜时，切勿直接扳动物镜来转动物镜转换器。应手持转换器外缘的齿纹部分来转动转换器，准确定位物镜并使其进入光路；否则会影响仪器的光学性能。

（5）调节物体和物镜前透镜间的轴向距离（以下简称聚焦）时，必须首先弄清粗调旋钮转向与载物台升降方向的关系。初学者应该先用粗调旋钮将物镜调至尽量靠近物体，但绝不可接触。然后仔细观察视场内的亮度，并同时用粗调旋钮缓慢将物镜向远离物体的方向调节。待视场内忽然变得明亮甚至出现映像时，换用微调旋钮调至物像最清晰为止。

（6）用油系物镜时，滴油量不宜过多，用完后必须立即用二甲苯洗净并擦干。

（7）待观察的试样必须完全吹干。用 HF 水溶液浸蚀过的试样吹干时间要长一些，因为 HF 水溶液对镜片有严重腐蚀作用。

【实验数据记录与处理】

（1）简述光学金相显微镜的使用规程。

（2）说明试样制备的过程及其注意事项。

（3）在直径约为 40mm 的圆周内，画出制备试样浸蚀后的显微组织，并注明试样材料、组织类别、浸蚀剂与放大倍数等。

【思考题】

（1）如果观察到组织中有一条直线型的映像，如何鉴别该映像是组织本身的特征还是磨痕或划痕？

【思考题答案】

（2）对于 T12 钢的显微组织，在浸蚀过程中是珠光体组织容易浸蚀还是二次渗碳体组织容易浸蚀？

（3）在两相组织中有一相浸蚀后为黑色，另一相为白色，这两相在电化学性质上有何差别？

1.9 有色合金的显微组织观察

【实验目的】

（1）了解铝合金、铜合金及钛合金的分类。

（2）观察和研究不同类型合金材料的显微组织特征。

（3）了解合金材料的成分、显微组织对性能的影响。

【实验设备和实验材料】

实验设备：MDJ200 金相显微镜、金相抛光机、金相砂纸、抛光剂、浸蚀剂、酒精、玻璃器皿、夹子、脱脂棉等。

实验材料：铝合金、铜合金及钛合金试样，见表 1－13。

表 1－13　实验材料

编号	名称	热处理状态	金相显微组织特征	浸蚀剂
1	铝合金（未变质）	铸态	初晶硅（针状）＋（α＋Si）共晶体（亮白色基体）	0.5%HF 水溶液
2	铝合金（已变质）	铸态	α（枝晶状）＋共晶体（细密基体）	0.5%HF 水溶液
3	Al－Cu 合金	铸态	块状初晶＋共晶	混合酸溶液
4	α 黄铜	退火	α 固溶体（具有孪晶）	3%$FeCl_3$＋10%HCl 水溶液
5	α＋β 黄铜	铸态	α（亮白色）＋β（暗黑色）	3%$FeCl_3$＋10%HCl 水溶液
6	QSn 锡青铜	铸态	α＋ε（树枝状）	3%$FeCl_3$＋10%HCl 水溶液
7	QAl 铝青铜	退火	α 固溶体和（α＋γ_2）共析体	3%$FeCl_3$＋10%HCl 水溶液
		淬火	β 固溶体	
8	TC4 钛合金	轧制＋退火	等轴 α＋β 基体	HF∶HNO_3∶H_2O＝1∶3∶96 的溶液
		β 相区随炉冷却	片状 α＋β 基体	

【实验原理】

（1）铝合金。

铝合金是以铝为基体元素，加入一种或多种合金元素组成的合金。铝合金按加工方法可以分为铸造铝合金和形变铝合金两类。

① 铸造铝合金。

在铸造铝合金中应用最广的是铝-硅系合金（含 10%～13%Si），常称硅铝明。典型的硅铝明牌号为 ZL102。由 Al－Si 合金相图可知该成分在共晶点附近，所以组织中均有由 α 固溶体和粗针状硅晶体组成的共晶体及少量呈多面体的初生硅晶体。为了改善合金的性能，通常采用“变质处理”，即在浇注前向合金溶液中加入占合金质量 2%～3%的变质剂（常用 2/3NaF＋1/3NaCl）。“变质处理”后可以使共晶点从 11.6%Si 右移，得到由枝晶状的 α 固溶体枝晶（亮底）和细密（α＋Si）共晶体（黑底）组成的亚共晶组织。图 1－40（a）为变质处理前铸造铝硅合金的显微组织，基体组织由 α 固溶体晶粒和粗大针状共晶硅组成；图 1－40（b）为变质处理后铸造铝硅合金的显微组织，金相组织为 α 固溶体和细密（α＋Si）共晶体。

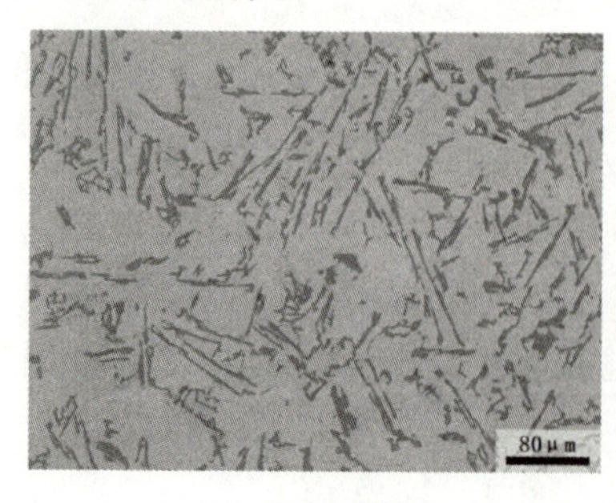

（a）变质处理前

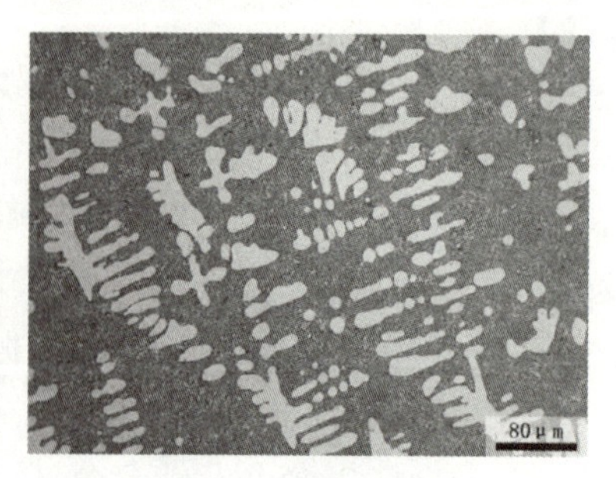

（b）变质处理后

图 1－40　铸造铝硅合金变质处理前后的显微组织

② 形变铝合金。

硬铝 Al－Cu－Mg 是时效合金，是重要的形变铝合金。在合金中形成了 $CuAl_2$（θ 相）和 $CuMgAl_2$（S 相）。这两相在加热时均能溶入合金的固溶体内，并在随后的时效热处理过程中通过形成富集区、过渡相而强化合金。图 1－41 所示为退火态轧制铝铜合金的金相显微组织。铝铜合金的主要化学成分为 3.8％～4.8％的 Cu、0.4％～0.8％的 Mn、0.4％～0.8％的 Mg 和 93.6％～95.1％的 Al，退火态轧制铝铜合金的金相组织为铝的 α 固溶体和 $CuAl_2$。

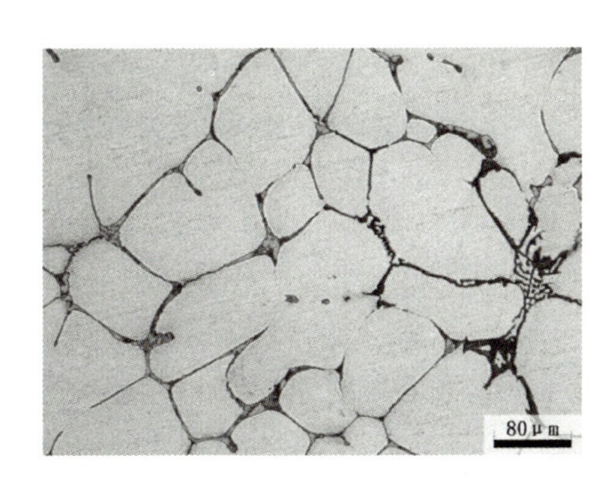

图 1－41　退火态轧制铝铜合金的金相显微组织

（2）铜合金。

铜合金是以铜为基体元素，加入一种或多种合金元素组成的合金。产量大、应用广的铜合金有黄铜、白铜、青铜等。黄铜可以分为简单黄铜和复杂黄铜。

① Cu－Zn 二元黄铜。

a. α 单相黄铜。含锌 36％以下的黄铜为 α 单相黄铜。铸态组织：α 固溶体呈树枝状（用 $FeCl_3$ 溶液浸蚀后，枝晶主轴富铜，呈亮色；而枝间富锌，呈暗色），经变形和再结晶退火，其组织为多边形晶粒，有退火孪晶。由于各种晶粒方位不同，因此组织颜色不同。单相黄铜的显微组织如图 1－42（a）所示，其金相组织为多面体状 α 固溶体。α 单相黄铜的化学成分为 67％～70％的 Cu、不超过 0.005％的 P、不超过 0.035％的 Pb、不超过 0.1％的 Fe、不超过 0.005％的 Sb、不超过 0.002％的 Bi 和 30％左右的 Zn。

b. α＋β 两相黄铜。含锌为 36％～45％的黄铜为 α＋β 两相黄铜。两相黄铜的显微组织如图 1－42（b）所示，其金相组织为 α 固溶体和 β 固溶体混合物。α＋β 两相黄铜的化学成分为 57％～61％的 Cu、不超过 0.02％的 P、0.8％～1.9％的 Pb、不超过 0.5％的 Fe、不超过 0.01％的 Sb、不超过 0.003％的 Bi 和 36.5％左右的 Zn。

② 白铜。

白铜是以镍为主要添加元素的铜合金，呈银白色，有金属光泽，铜、镍之间可无限固溶，从而形成连续固溶体，即无论各自比重是多少，都恒为 α 单相合金。

③ 青铜。

青铜原指铜锡合金，后来除黄铜、白铜以外的铜合金均称青铜，并常在青铜前冠以第一主要添加元素的名，如锡青铜、铝青铜、磷青铜等。锡青铜的主要合金成分是锡；无锡青铜（特殊青铜）的主要合金成分没有锡，而是铝、铍等其他元素。

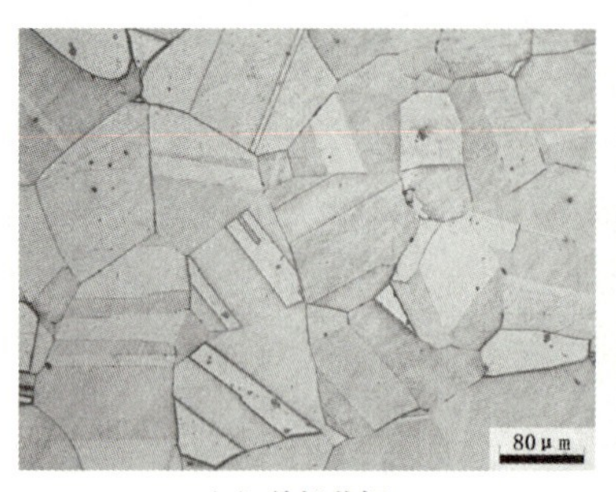

（a）单相黄铜

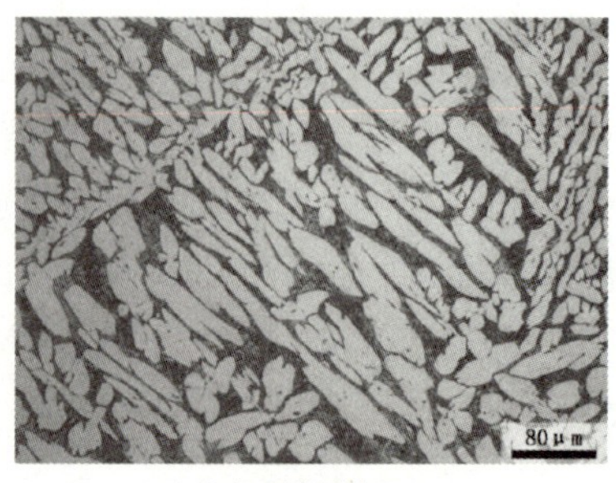

（b）两相黄铜

图 1-42　Cu-Zn 二元黄铜的金相显微组织

图 1-43 给出了锡青铜（16%的 Sn，其余为 Cu，杂质总量不大于 0.5%）的显微组织，主要由 α 固溶体和（α+δ）共析体组成，同时有树枝状偏析。图 1-44 给出了铝青铜（10%的 Al，其余为 Cu，杂质总量不大于 0.5%）在不同处理状态下的显微组织。图 1-44（a）所示为经轧制和退火后的铝青铜，其金相组织为 α 固溶体和（$\alpha+\gamma_2$）共析体；图 1-44（b）所示为淬火态铝青铜，其金相组织主要为 β 固溶体。

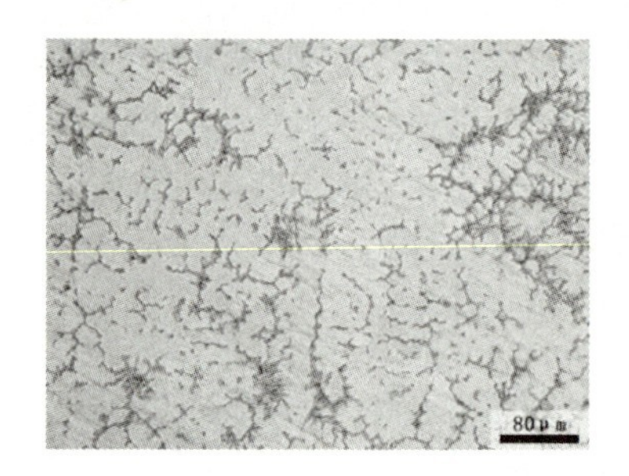

图 1-43　锡青铜（16%的 Sn，其余为 Cu，杂质总量不大于 0.5%）的显微组织

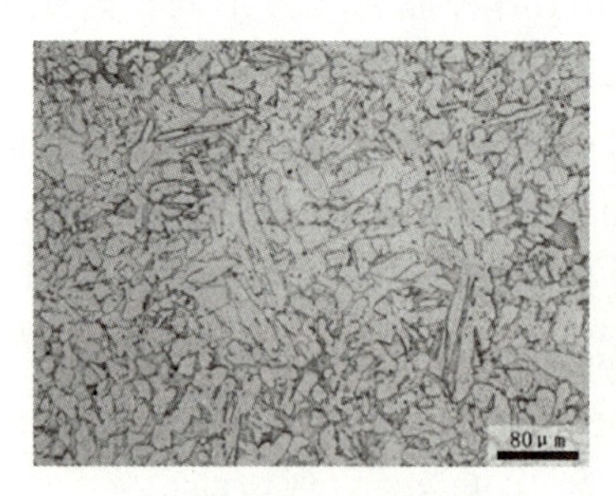

（a）经轧制和退火后的铝青铜

（b）淬火态铝青铜

图 1-44　铝青铜（10%的 Al，其余为 Cu，杂质总量不大于 0.5%）在不同处理状态下的显微组织

（3）钛合金。

钛合金的显微组织取决于合金的化学成分、变形的热力学参数及热处理制度。根据 α 相的形态、分布和含量，钛合金的显微组织一般分为四种：等轴组织、双态组织、网篮组织和魏氏组织，如图 1-45 所示。

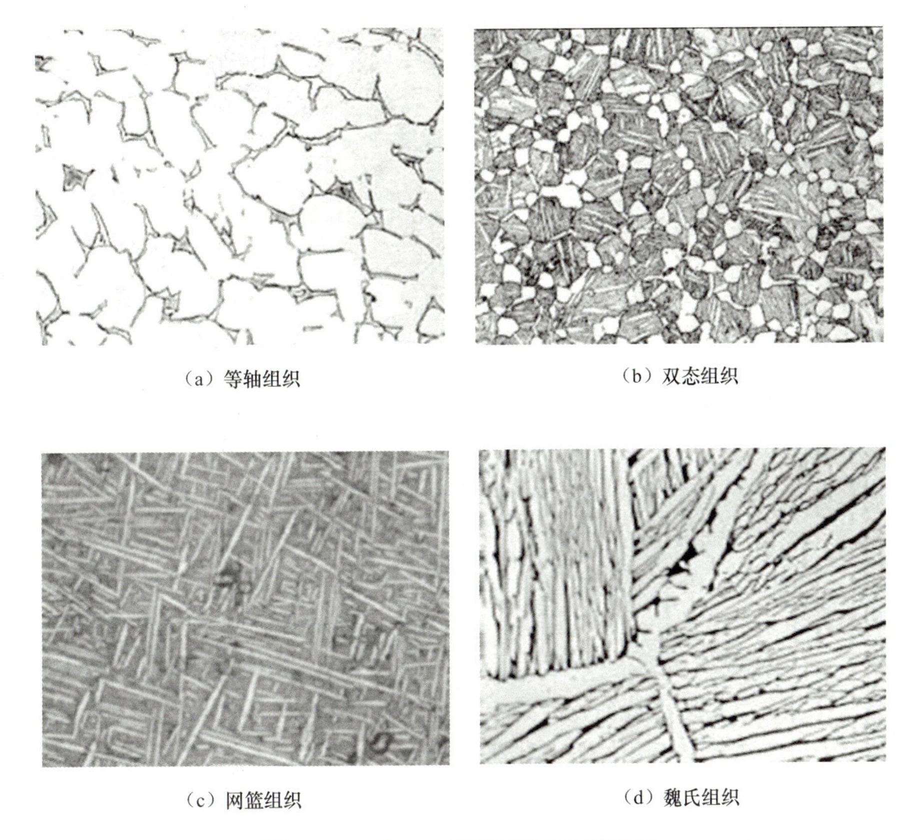

（a）等轴组织　（b）双态组织

（c）网篮组织　（d）魏氏组织

图 1-45　钛合金的四种典型微观组织

① 等轴组织。当钛合金在低于 β 相变点 30～50℃ 加热或者变形时，形成等轴组织[图 1-45（a）]。其特点是等轴初生 α 相含量超过 50%，同时在基体上分布一定数量的 β 转变组织。

② 双态组织。当钛合金在（α+β）相区上部温度变形且变形量较大时，形成双态组织［图 1-45（b）]。其特点是在 β 转变组织的基体上均匀分布一定数量的等轴初生 α 相，但其含量不超过 50%，一般为 20%～30%。β 转变组织由次生 α 相和残留 β 相组成。

③ 网篮组织。当钛合金在 β 相变点附近变形或者在 β 相区开始变形，但在（α+β）相区终止变形时，形成网篮组织［图 1-45（c）]。其主要特点是原始 β 晶粒及晶界 α 相破碎(或者只有少量晶界 α 未破碎)，晶界 α 相已经不明显。晶内的 α 丛尺寸减小，α 条变短，且纵横交错排列，形成网篮状结构。

④ 魏氏组织。钛合金锻造变形开始和终了温度都在 β 相区且变形量不是很大，或者当钛合金加热到 β 转变温度以上以较慢的速度冷却时，形成魏氏组织［图 1-45（d）]。其主要特点：低倍组织粗大，β 晶界完整；高倍组织中 α 相沿粗大的原始 β 晶粒的晶界向晶内呈平行的粗条状析出，形成尺寸较大的“α 集束”；冷却速度越快，α 片越窄。

钛合金的浸蚀剂为 HF∶HNO_3∶H_2O=1∶3∶96 的溶液，通常浸蚀 5～10s 后拿到显微镜下观察，以是否能观测到晶界来判断浸蚀程度。

【实验方法及步骤】

(1) 各小组分别领取不同类型的合金试样，按步骤进行金相制备。

(2) 根据不同的合金，选择相应的浸蚀剂（可参考附录4），保证能够清晰显示金相显微组织。

(3) 在显微镜下观察试样，并分析其组织形态特征。

(4) 画出相应的显微组织图，并区分不同组织。

【注意事项】

(1) 浸蚀过程中注意试样的位置，不要把整个试样放入盛有浸蚀液的玻璃器皿中；浸蚀时不要将手放入浸蚀液中，以免伤害皮肤。

(2) 抛光后吹干和浸蚀之间的衔接一定要迅速，以防氧化污染。浸蚀完毕后，必须将手与试样彻底吹干，一定要完全充分干燥，方可在显微镜下观察分析。

(3) 正确选择相应合金的浸蚀剂。

【实验数据记录与处理】

(1) 记录金相试样制备的粗磨、细磨、抛光和浸蚀过程。

(2) 观察并绘出合金的显微组织图，并能明确区分显微组织中的不同形态相。

【思考题答案】

【思考题】

(1) 浸蚀剂的变换是否会影响合金中显微组织结构的显示？

(2) 结合相图分析各类合金应该具备的显微组织；同时对比实际获取的显微组织，分析其存在的差异及产生差异的原因。

1.10 碳钢的热处理工艺

【热处理工艺】

【热处理炉】

【实验目的】

(1) 掌握碳钢的基本热处理工艺（退火、正火、淬火、回火）。

(2) 掌握可编程箱式电炉的使用方法。

(3) 理解冷却条件对碳钢性能的影响。

(4) 分析淬火及回火温度对碳钢性能的影响。

【实验设备和实验材料】

实验设备：高温可编程马弗炉（图1-46，使用教程见附录5）和洛氏硬度计。

实验材料：20钢、45钢、T12钢、水、油（使用温度约为20℃）。

【实验原理】

(1) 钢的淬火。

所谓淬火就是将钢加热到 A_{c3}（亚共析钢）或 A_{c1}（过共析钢）以上30～50℃，保温后放入不同的冷却介质中（$V_{冷}$ 应大于 $V_{临界}$），以获得马氏体组织。碳钢淬火后的组织由马氏体及一定数量的残余奥氏体组成。为了正确进行钢的淬火，必须考虑三个重要因素：

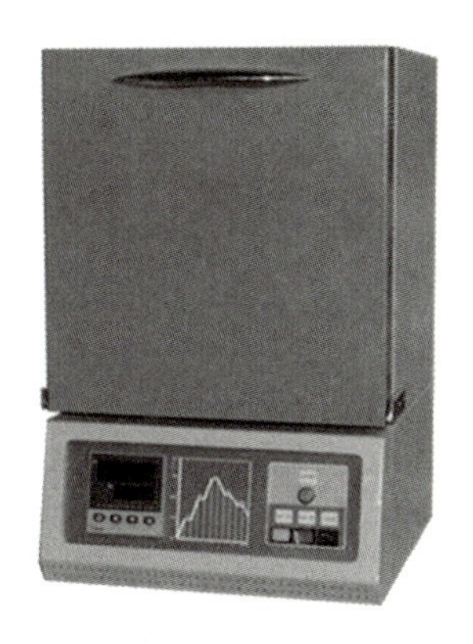

图 1-46　高温可编程马弗炉

淬火加热温度、保温时间和冷却速度。

① 淬火加热温度。

正确选择淬火加热温度是保证淬火质量的重要环节。淬火时的具体加热温度主要取决于钢的含碳量，可根据 $Fe-Fe_3C$ 相图（图 1-47）确定。亚共析钢的加热温度为 A_{c3} 以上 30～50℃，若加热温度不足（低于 A_{c3}），则淬火组织中将出现铁素体，造成强度及硬度的降低。过共析钢的加热温度为 A_{c1} 以上 30～50℃，淬火后可得到细小的马氏体和粒状渗碳体，后者的存在可提高钢的硬度和耐磨性。

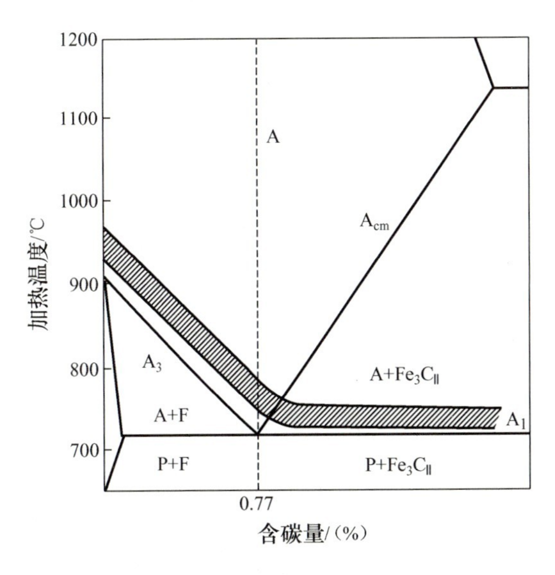

图 1-47　$Fe-Fe_3C$ 相图

② 保温时间。

加热时间是指将试样加热到淬火温度所需的时间及在淬火温度停留保温所需时间的总和。加热时间与钢的成分、工件的形状尺寸、所需的加热介质及加热方法等因素有关，一般可按照经验公式来估算。碳钢在箱式电炉中的加热时间见表 1-14。

表 1－14　碳钢在箱式电炉中的加热时间

加热温度/℃	保温时间/(分钟/毫米直径)		
	圆柱形工件	方形工件	板形工件
700	1.5	2.2	3
800	1.0	1.5	2
900	0.8	1.2	1.6
1000	0.4	0.6	0.8

③ 冷却速度。

冷却是淬火的关键工序，直接影响到钢淬火后的组织和性能。冷却时应确保冷却速度大于临界冷却速度，以保证获得马氏体组织；还应尽量缓慢冷却，以减小钢中的内应力，防止变形和开裂。为此，可根据C曲线图（图1－48），淬火后在过冷奥氏体最不稳定的温度（650～550℃）快速冷却（即与C曲线的“鼻尖”相切），而在较低温度（300～100℃）时冷却速度应尽可能小。为了保证淬火效果，应选用合适的冷却方法（如双液淬火、分级淬火等），不同的冷却介质在不同的温度范围内的冷却速度有所差别。常见冷却介质的冷却速度见表1－15。

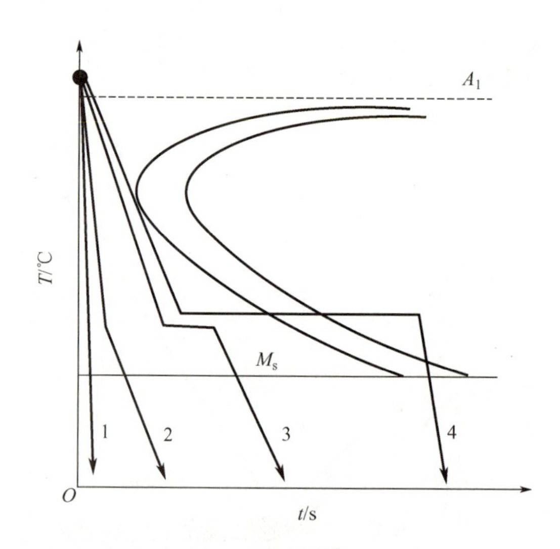

图 1－48　C 曲线图

表 1－15　常见冷却介质的冷却速度

冷 却 介 质	冷却速度/(℃/s)	
	650～550℃	300～200℃
水溶液（18℃）	600	270
水溶液（50℃）	100	270
10%NaCl 溶液（18℃）	1100	300

续表

冷却介质	冷却速度/(℃/s)	
	650～550℃	300～200℃
10%NaOH溶液（18℃）	1200	300
蒸馏水（50℃）	250	200
硝酸盐（200℃）	350	10
菜籽油（50℃）	200	35
矿物机油（50℃）	150	30
变压器油（50℃）	120	25

（2）钢的回火。

钢淬火后得到的马氏体组织硬而脆，并且工件内部存在较大内应力，如果直接进行磨削加工往往会出现龟裂。一些精密的零件在使用过程中会因变形引起尺寸变化而失去精度，甚至开裂。因此，钢淬火后必须进行回火处理。不同的回火工艺可以使钢获得不同的性能。表1-16为45钢淬火后经不同温度回火后的组织和性能特点。

表1-16　45钢淬火后经不同温度回火后的组织和性能特点

工　艺	回火温度/℃	回火后的组织	回火后硬度/HRC	性能特点
低温回火	150～250	回火马氏体+残余奥氏体+碳化物	60～57	硬度高，内应力减小
中温回火	350～500	回火屈氏体	35～45	硬度适中，有较好的弹性
高温回火	500～650	回火索氏体	20～33	具有良好的塑性、韧性和一定的强度

对碳钢来说，选择回火工艺时主要考虑回火温度和保温时间两个因素。在实际生产中，通常以图纸中要求的硬度作为选择回火温度的依据。各种钢材的回火温度与硬度之间的关系曲线可从有关手册中查阅。常见碳钢（45钢、T8钢、T10钢和T12钢）的回火温度与硬度的关系见表1-17。

表1-17　常见碳钢（45钢、T8钢、T10钢和T12钢）的回火温度与硬度的关系

回火温度/℃	回火后硬度/HRC			
	45钢	T8钢	T10钢	T12钢
150～200	60～54	64～60	64～62	65～62
200～300	54～50	60～55	62～56	62～57
300～400	50～40	55～45	56～47	57～49
400～500	40～33	45～35	47～38	49～38
500～600	33～24	35～27	38～27	38～28

此外，可以采用经验公式近似地估算回火温度。例如，45 钢回火温度的经验公式为

$$T \approx 200 + K(60 - \chi)$$

式中，T 为回火温度（℃）。K 为常数，当回火后要求的硬度值＞30HRC 时，$K=11$；当回火后要求的硬度值＜30HRC 时，$K=12$。χ 为要求的硬度值。

回火保温时间与工件材料、尺寸及工艺条件等因素有关，通常取 1～3h。如果实验所用试样较小，回火保温时间可为 30min，回火后在空气中冷却。

【注意事项】

（1）本实验加热设备为电炉，电炉一定要接地，在放、取试样前必须切断电源。

（2）向炉中放、取试样时必须使用夹钳，夹钳必须擦干，不得沾有油或水。

（3）试样由炉中取出淬火时，要动作迅速，以免温度下降，影响淬火质量。

（4）在淬火液中不断搅动试样，以免试样表面由于冷却不均而出现软化点。

（5）淬火时的水温应保持在 20～30℃，水温过高时要及时换水。

（6）淬火或回火后的试样表面均要用砂纸打磨，去掉氧化皮后再测定硬度值。

【实验方法及步骤】

（1）淬火、正火的实验内容及具体步骤。

① 根据淬火条件不同，实验分五组进行，见表 1-18。

② 加热前测定所有试样的硬度，为便于比较，一律用洛氏硬度进行测定。

③ 根据试样钢号，按照 $Fe-Fe_3C$ 相图确定淬火加热温度及保温时间（可按 1 分钟/毫米直径计算）。

④ 将淬火及正火后的试样表面用砂纸（或砂轮）磨平，测出硬度值。

（2）回火的实验内容及具体步骤。

① 根据回火温度不同，实验分五组进行，见表 1-19。各小组将已经正常淬火并测定过硬度的 45 钢试样分别放入指定温度的炉内加热，保温 30min 后取出空冷。

② 用砂纸磨平试样表面，分别在洛氏硬度计上测定硬度值。

【实验数据记录与处理】

（1）将测得的不同钢种淬火及正火前后的硬度值填入表 1-18 中。

表 1-18 不同钢种淬火及正火前后的硬度值

组别	淬火加热温度/℃	冷却方式	20 钢		45 钢		T12 钢	
			处理前硬度/HRC	处理后硬度/HRC	处理前硬度/HRC	处理后硬度/HRC	处理前硬度/HRC	处理后硬度/HRC
1	1000	水冷						
2	750	水冷						
3	860	空冷						
4	860	油冷						
5	860	水冷						

（2）将测得的 45 钢不同回火温度下的硬度值填入表 1-19 中。

表 1-19　45 钢不同回火温度下的硬度值

组　　别	1	2	3	4	5
回火温度/℃	200	300	400	500	600
回火前硬度/HRC					
回火后硬度/HRC					

【思考题】

(1) 淬火时将试样放入冷却介质的过程中应注意哪些问题?

(2) 油用作冷却介质时，标号越高越好还是越低越好?

(3) 试简述不同冷却介质的优缺点。

【思考题答案】

1.11　钢的淬透性测定

【实验目的】

(1) 熟悉应用末端淬火法测定钢的淬透性的原理及操作。

(2) 学会绘制淬透性曲线。

【实验设备和实验材料】

【网带式淬火炉】

实验设备：箱式电阻炉、末端淬火设备、数显洛氏硬度计、游标卡尺。

实验材料：45 钢和 40Cr 钢的 ϕ25mm×100mm 端淬试样。

【实验原理】

钢的淬透性表示钢获得马氏体的能力，是钢本身固有的属性。淬透性与淬硬性是两个概念，淬硬性是钢的表面由于马氏体转变所能得到的最大硬度，与钢的含碳量有关。

在实际生产中，零件一般通过淬火得到马氏体，以提高机械性能。钢的淬透性是指钢经奥氏体化后在一定冷却条件下淬火时获得马氏体组织的能力，可用规定条件下淬透层深度表示。通常将淬火件的表面至半马氏体区（50%马氏体+50%珠光体）之间的距离称为淬透层深度。淬透层深度受钢的淬透性、淬火介质的冷却能力、工件的体积、工件的表面状态等影响，所以测定钢的淬透性时，要先确定淬火介质、工件的尺寸等，再通过淬透层深度确定钢的淬透性。

淬透性对钢材热处理的机械性能有很大的影响。如果工件被淬透了，则表面的组织和性能均匀一致，能充分发挥钢的机械性能；如果工件未被淬透，则表面的组织和性能存在差异，回火后的屈服强度较低、冲击韧性较差。造成这种差别的重要原因在于：在淬火时，中心未淬透部分形成了非马氏体组织，回火后仍保持片状组织特性；而在表面获得马氏体的部分，经回火后为粒状碳化物分布在铁素体基体上的混合组织，综合性能较好。

【实验方法及步骤】

将欲测定淬透性的钢做成标准尺寸的试样并加热到奥氏体化，迅速放到端淬实验的设备上，用水喷射试样的下端，试样逐渐冷却。末端淬火法［GB/T 225—2006《钢淬透性的末端淬火试验方法（Jominy 试验）》］规定了试样尺寸：长为 100mm，直径为 25mm；并带有“台阶”，其直径为 30mm，高度为 3mm。在特定的实验装置上进行淬火，实验前应进行调整，使水柱的自由喷出高度为 65mm，水的温度为 20～30℃，试样放入实验装置时，冷却端与喷嘴的距离为 12.5mm。末端淬透性实验示意如图 1－49 所示。

【淬透性实验与曲线】

【45钢与45Cr钢的淬透性曲线】

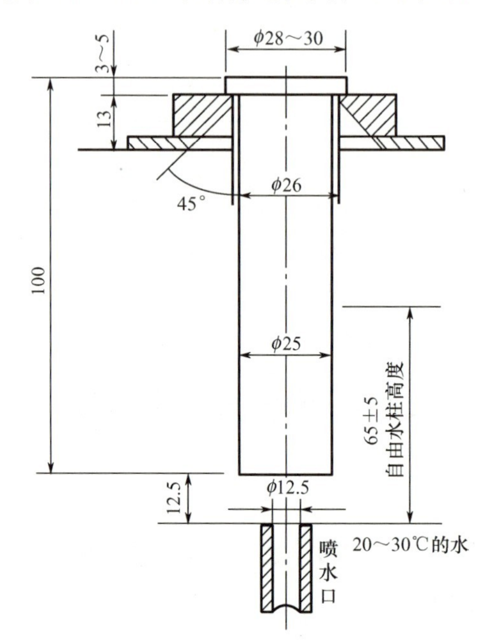

图 1－49　末端淬透性实验示意

实验时将待测试样加热到奥氏体化温度，保温 30min 后从炉中取出，在 5s 内迅速放入淬火的实验装置。此时对试样的淬火端喷水冷却 15min，冷却速度约为 100℃/s，而离开淬火端后冷却速度逐渐减小，到另一端时约为 3～4℃/s。

冷却后取出试样，在试样两侧各磨去 0.2～0.5mm，得到互相平行的沿纵向的两个狭长的平行平面。在其中一个平面上，从淬火端开始，每隔 1.5mm 测量一次硬度。当硬度低于半马氏体硬度且下降趋于平缓时，可每隔 3mm 测量一次，直至末端。以硬度做纵坐标，以距末端淬火的距离做横坐标，根据互相平行的平面上各点测得的硬度平均值及相应的距淬火末端距离，绘制淬透性曲线，如图 1－50 所示。

【端淬法】

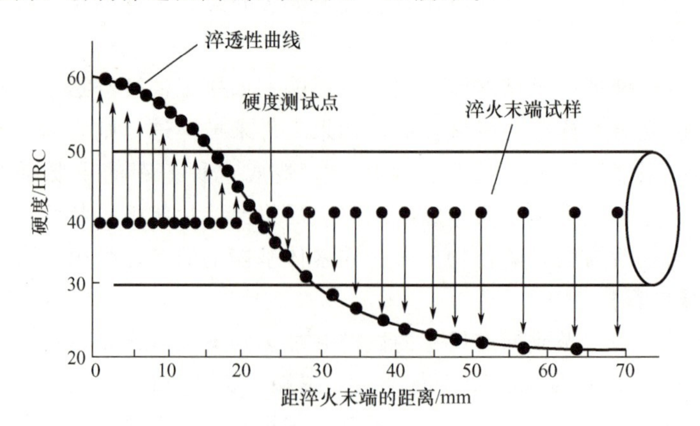

图 1－50　淬透性曲线

可以借助半马氏体硬度曲线，根据钢的含碳量确定半马氏体硬度，并据此在淬透性曲线上找出半马氏体区至水冷却端的距离 d，即用末端淬火法确定钢的淬透性。钢的淬透性值用J（HRC/d）表示，HRC为该处测得的硬度值；d 为距淬火末端的距离（mm）。例如J44/20表示该钢半马氏体硬度为HRC44，半马氏体区距淬火末端的距离为20mm。表1-20给出了碳钢及合金钢的马氏体和半马氏体组织的硬度与含碳量的关系。

表1-20 碳钢及合金钢的马氏体和半马氏体组织的硬度与含碳量的关系

含碳量/(%)	硬度/HRC		
	马氏体	碳钢半马氏体	合金钢半马氏体
0.1	20～30	—	—
0.2	39～46	32	32～37
0.3	49～55	35	35～40
0.4	54～60	39	39～44
0.5	58～62	44	44～49
0.6	61～64	47	47～52
0.7	62～66	51	51～56
0.8	63～67	53	53～58
0.9	64～67	54	54～59
1.0	65～67	—	—

【注意事项】

(1) 必须严格、认真按要求调整淬火实验装置。

(2) 检查试样的表面质量，必要时进行一定的处理。

(3) 试样两侧磨出的平面应平行，且在测硬度前，应画线定好测硬度的位置，力求准确。

(4) 将试样放入淬火装置时，要动作迅速，但要注意安全。

【实验数据记录与处理】

(1) 简述末端淬火法的实验原理和方法。

(2) 绘制淬透性曲线。

(3) 说明影响钢的淬透性的因素和淬透性的实际意义。

【思考题】

(1) 试述钢的淬透性的测定方法及意义。

(2) 钢的成分对淬透性有哪些影响？

【思考题答案】

1.12 渗碳及渗碳层厚度的测定

【实验目的】

(1) 了解渗碳工艺及渗碳后热处理的组织特征。

【渗碳炉】

【井式气体渗碳炉】

(2) 掌握用金相法测定渗碳层厚度的方法。

(3) 了解钢渗碳层厚度与渗碳温度和渗碳时间的关系。

【实验设备和实验材料】

实验设备：井式渗碳炉、金相显微镜、目镜测微尺、直尺、维氏硬度计、冷却剂（水、10 号机油）等。

实验材料：20 钢、20CrMnTi。

【实验原理】

渗碳是将钢件置于渗碳介质中，加热到单相奥氏体区并保温一定时间，使碳原子渗入钢件表面层的热处理工艺。经渗碳处理的钢件再经适当的淬火和回火处理后，其表面的硬度、耐磨性及疲劳强度有所提高，而心部仍保持一定的强度和良好的塑性、韧性。渗碳主要用于受严重磨损和有较大冲击载荷的零件。渗碳按照介质的状态不同，可分为固体渗碳、液体渗碳和气体渗碳三种。

渗碳后的热处理工艺（图 1－51）主要有以下三种。

(1) 直接淬火：渗碳后直接淬火，工艺简单，生产效率高，成本低，脱碳可能性小。

(2) 一次淬火：在渗碳件冷却之后，重新加热到临界温度以上保温后淬火。

(3) 二次淬火：应对力学性能要求很高的钢或本质粗晶粒钢进行二次淬火。

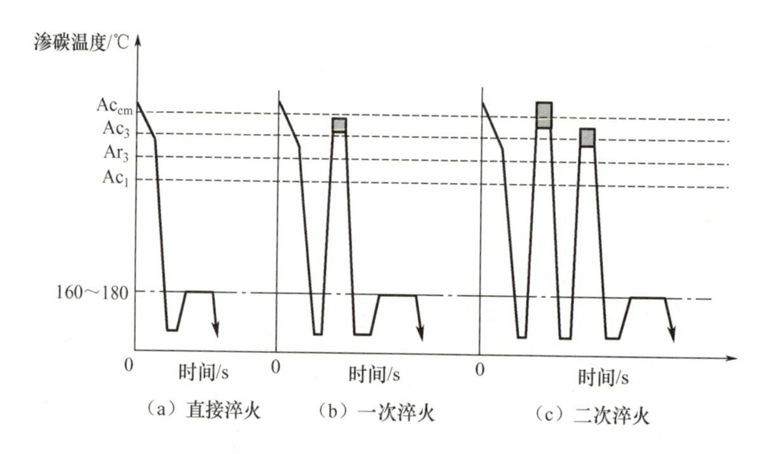

图 1－51 渗碳后的热处理工艺

(1) 渗碳及渗碳淬火后的金相组织。

① 平衡状态的渗碳组织。

钢件高温（900～950℃）渗碳后，渗碳炉缓慢冷却，渗层中将发生与其碳浓度相应的各种组织转变，得到平衡态的组织，从工件表面层至心部依次为过共析渗碳区、共析渗碳区、亚共析渗碳区及心部未渗碳区。低碳钢渗碳后的平衡态组织如图 1－52 所示。

过共析渗碳区：是渗碳零件的最表层，碳浓度最高，一般渗碳工艺条件下，该区的含碳量约为 0.8%～1.0%。

共析渗碳区：与过共析区相邻，该区的含碳量约为 0.77%。

亚共析渗碳区：自渗碳零件表面向心部延伸，与共析渗碳区相邻。

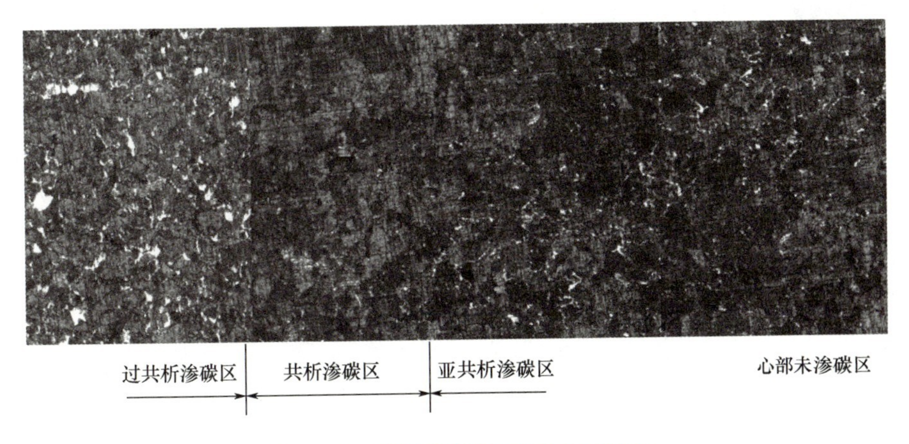

图 1-52 低碳钢渗碳后的平衡态组织

心部未渗碳区：渗碳零件原材料的组织区，低碳钢的心部未渗碳区由铁素体和珠光体组成。

② 渗碳后淬火及回火组织。

零件渗碳淬火后，由于淬火工艺和材料等不同而得到不同组织。但自零件表面至心部的基本组织仍为马氏体＋碳化物（少量）＋残余奥氏体→马氏体＋残余奥氏体→马氏体→心部低碳马氏体（或屈氏体/索氏体＋铁素体）。

渗碳零件淬火后的组织：渗碳层中有适量的粒状碳化物均匀分布在隐针（或细针）状马氏体基体上，另有少量（＜5%）残余奥氏体；心部为低碳马氏体或屈氏体与索氏体，不允许有过多的大块状铁素体。

（2）渗碳层厚度的测定。

渗碳过程是碳原子在 γ-Fe 中的扩散过程。根据菲克第二定律，若炉内的碳势一定，则渗碳层厚度与渗碳时间有如下关系：

$$X=K\sqrt{D\tau}$$

式中，X 为渗碳层厚度（mm）；K 为常数；D 为扩散系数（m^2/s）；τ 为扩散时间（s）。

$$D=D_0 e^{Q/RT}$$

式中，T 为热力学温度（K）；Q 为扩散激活能（J/mol）；R 为气体常数，$R=8.314J/(mol \cdot K)$；D_0 为扩散系数（m^2/s）。

测量渗碳层厚度可用显微硬度法和金相法。本实验采用金相法，即在显微镜下通过测微目镜测量。渗碳层厚度是指从钢的表面到刚出现原始组织的距离。

【实验方法及步骤】

渗碳处理：每班学生分为两组。其中一组学生对 20 钢试样进行渗碳处理，然后分别进行直接淬火处理、一次淬火＋180℃回火处理、二次淬火＋180℃回火处理，最后测定三种试样的硬度。另一组学生对 20CrMnTi 试样分别做渗碳温度为 880℃和 930℃，渗碳时间为 0.5h、1h、2h、4h、8h 的渗碳处理。渗碳后的试样经预磨、抛光、浸蚀后，用金相显微镜分别观察其显微组织，并用测微尺测定其渗碳层厚度。

【注意事项】

(1) 将试样放入电阻炉前，应先去除其表面的氧化物，避免碳与氧化物结合而影响渗碳效果。

(2) 在加热过程中要避免温度过高或过低、碳势过高或过低而影响渗碳质量。

(3) 渗碳后需进行机械加工的工件的硬度不应大于30HRC。

(4) 对于有薄壁沟槽的渗碳淬火零件，不能在渗碳之前加工薄壁沟槽处。

(5) 不能用镀锌的方法防渗碳。

【实验数据记录与处理】

【思考题答案】

(1) 记录实验过程。

(2) 画出一定渗碳温度下的渗碳层厚度与渗碳时间的曲线，并分析实验结果。

(3) 比较分别用显微硬度法和金相法测得的渗碳层厚度。

【思考题】

试分析导致渗碳后试样外层硬度偏低的因素。

1.13 碳钢残余奥氏体的测定

【实验目的】

(1) 了解碳钢残余奥氏体测定的实验原理。

(2) 掌握碳钢残余奥氏体测定的实验方法。

(3) 理解残余奥氏体对碳钢力学性能的影响。

【实验设备和实验材料】

实验设备：X-350A型X射线应力测定仪。

【X-350A型X射线应力测定仪】

X-350A型X射线应力测定仪是一种θ-θ扫描Ψ测角仪，是适用于各种实际工件的X射线衍射分析的测量仪器。X-350A型X射线应力测定仪的结构要点：在2θ扫描平面上对称分布X射线管和探测器，二者用同一个步进电动机驱动，沿2θ弧形滚动导轨实施同步相向扫描，即所谓的θ-θ扫描；而2θ扫描平面用另一个步进电动机驱动，可以在与之垂直的Ψ平面内沿Ψ弧形导轨驱动；Ψ和2θ转动轴垂直相交。θ-θ扫描Ψ测角仪有两种：一种是通用型，120°～170°（图1-53）；另一种是超宽型，45°～170°（图1-54）。这两种测角仪的突出优点：①在扫描过程中，入射X射线和接收的反射X射线始终相对于试样表面法平面对称，在试样表层中穿过的路程相等且始终不变，因而吸收因子恒等于1。衍射曲线的背底基本平直，衍射峰基本对称，所以测量误差较小。②不间断的扫描范围比较宽，所以无须更换探测器的位置就可以实现大范围的扫描。使用通用型θ-θ扫描Ψ测角仪（120°～170°），可以在一次扫描中得到α(211)晶面156°的衍射峰和γ(220)晶面129°的衍射峰；使用超宽型θ-θ扫描Ψ测角仪（45°～170°），可以在一次扫描中得到4个衍射峰——α(211)晶面156°的衍射峰、γ(220)晶面129°的衍射峰、α(200)晶面106°的衍射峰和γ(200)晶面80°的衍射峰。利用这4个衍射峰，可以使α相衍射峰和γ相衍射峰两两组合，计算出4个残余奥氏体含量，获得更可靠的实验结果。

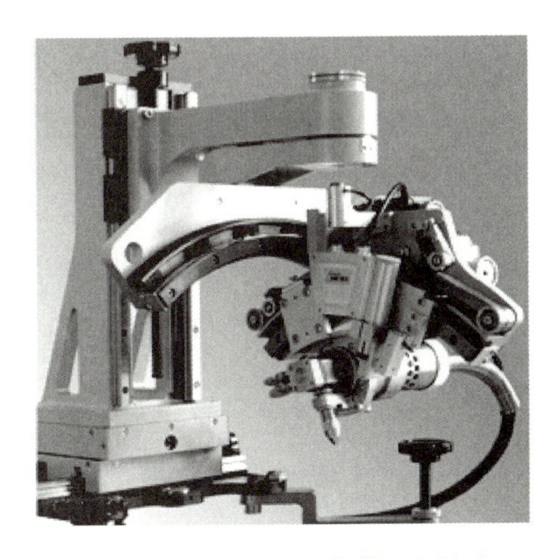

图 1-53 通用型 $\theta-\theta$ 扫描 Ψ 测角仪
(120°～170°)

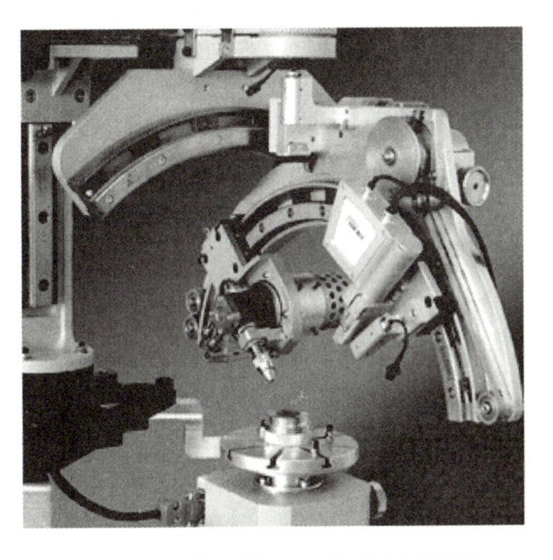

图 1-54 超宽型 $\theta-\theta$ 扫描 Ψ 测角仪
(45°～170°)

实验材料：45 钢、304 不锈钢。

【实验原理】

钢中残余奥氏体含量的测定以 X 射线衍射原理为依据。当钢中存在 α 和 γ 两相时，被一束单色 X 射线照射，遵从布拉格定律，这两相会分别在不同的角度产生衍射峰。例如使用 CrKα 辐射，α(211) 晶面在 156°左右产生衍射峰，γ(220) 晶面在 129°左右产生衍射峰。可以通过衍射峰的积分强度分别对两个衍射峰进行定量描述。在 X 射线衍射仪步进扫描的情况下，积分强度就是在扣除背底之后，每一步的衍射强度乘以扫描步距角，并在整个扫描范围内将此乘积做累加所得的和，也就是轴承钢 CrKα 衍射图谱（图 1-55）中灰色区域的面积，积分强度能够表征碳钢中残余奥氏体的含量。除了参与衍射物相的体积百分比，衍射峰的积分强度还与其他因素有关。

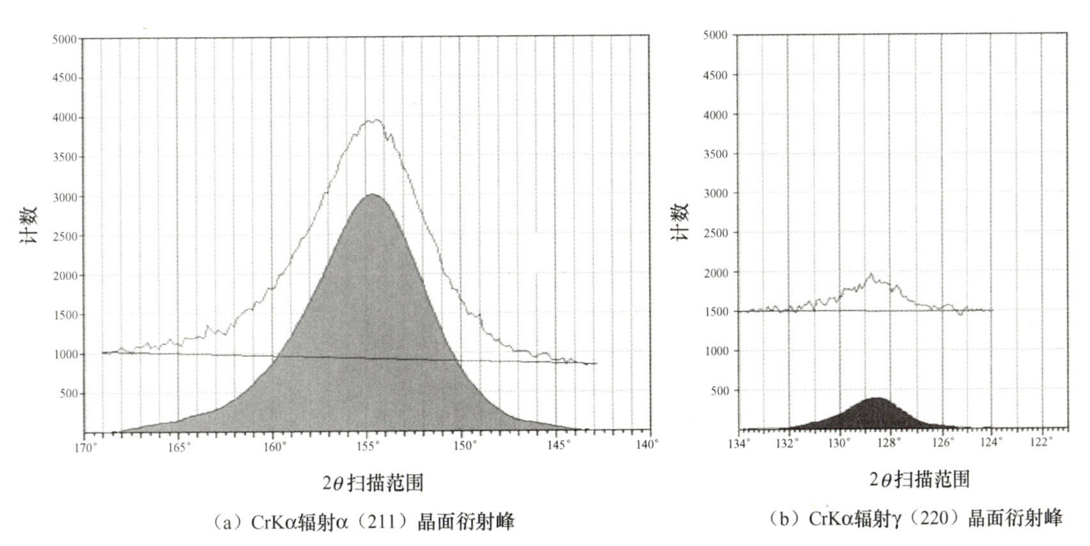

(a) CrKα辐射α（211）晶面衍射峰　(b) CrKα辐射γ（220）晶面衍射峰

图 1-55 轴承钢 CrKα 衍射图谱

研究X射线衍射强度的运动学理论，可以从单个电子对入射的单色X射线的散射出发，通过研究单个原子和单个晶胞的散射，逐渐过渡到多晶体的散射，最终推导出衍射线积分强度公式，最终推导出了衍射线积分强度公式：

$$I_{积}=I_0\frac{1}{32\pi r}\frac{e^4}{m^2c^4}F^2\lambda^3Pe^{-2D}A(2\theta)\frac{1+\cos^2 2\theta}{\sin^2\theta\cos\theta}\frac{V}{v^2}$$

式中，I_0为入射X射线强度；F为结构振幅；P为多重性因子；$\frac{1+\cos^2 2\theta}{\sin^2\theta\cos\theta}$为洛伦兹-偏振因子（LP）；$e^{-2D}$为温度因子；$A(2\theta)$为吸收因子；$V$为某相参加衍射的体积（$mm^3$）；$v$为单位晶胞体积（$mm^3$）。

式中还有电子电荷e、电子质量m、光速c和入射X射线的波长λ、测角仪圆半径r等常数。尽管该式很复杂，但可以明显看出衍射线积分强度$I_{积}$与某相参加衍射的体积V成正比。令

$$K=I_0\frac{1}{32\pi r}\frac{e^4}{m^2c^4}\lambda^3$$

可以看出K为常数，再令

$$R=F^2Pe^{-2D}A(2\theta)\frac{1+\cos^2 2\theta}{\sin^2\theta\cos\theta}\frac{1}{v^2}$$

则有

$$I_{积}=KRV$$

于是，某相参加衍射的体积为

$$V=I_{积}/(KR)$$

该式对α和γ两相参加衍射的体积V_α和V_γ都适用，只是其中的$I_{积}$改为A_α或A_γ，后两者分别表示α(211)和γ(220)两个衍射峰的积分强度（或积分面积）；R则应分别是R_α和R_γ，即

$$V_\alpha=A_\alpha/(KR_\alpha)$$
$$V_\gamma=A_\gamma/(KR_\gamma)$$

假设钢中仅有α和γ两相，则γ相的体积百分比（即奥氏体的百分含量）为

$$A_r\%=\frac{V_\gamma}{V_\alpha+V_\gamma}\times100\%=\frac{1}{1+\frac{V_\alpha}{V_\gamma}}\times100\%$$

换算后可得

$$A_r\%=\frac{1}{1+\frac{A_\alpha/R_\alpha}{A_\gamma/R_\gamma}}\times100\%$$

上式就是用于测定残余奥氏体含量的计算公式。

【实验方法及步骤】

（1）插上电源，按下循环水装置的电源按钮（后置），再依次从上至下按循环水装置面板上的power、cool和pump三个按钮。

（2）启动低压控制器（从左至右按下面板上的两个按钮）。

X-350A型X射线应力测定仪的管电压操作面板如图1-56所示。

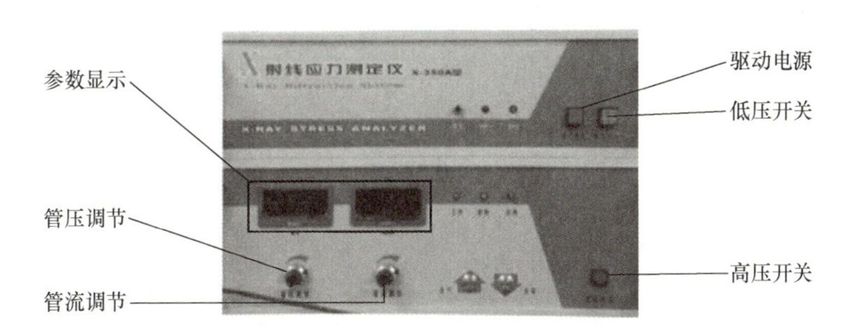

图1-56 X-350A型X射线应力测定仪的管电压操作面板

(3) 打开计算机上的配套软件，单击界面左上角的“标定”按钮进行标定。将试样放在X射线衍射室中的试样台上，利用垂直检测器观察X射线是否与被测样品界面垂直（使“十”字光标的中心通过垂直检测器的中心孔，在试样表面能看到光斑则说明已垂直；否则不垂直）。将“十”字光标的中心对准待测点，调节后侧按钮，使光斑与“十”字光标重合。

(4) 按下高压控制器控制面板上的红色按钮，调节管电压旋钮，使得管电压值为12～13kV，调节管电流旋钮使得管电流调至3A，预热等待5min后将管电压调至17kV、管电流调至4A，再预热等待5min。然后将管电压调至20kV、管电流调至5A（测定所用），开始测定。

(5) 单击软件界面标题栏中的“测量类型”，在“条件”选项组中输入参数（一般只输入角度范围，其他为默认值）。修改完参数后，单击“确定”按钮自动分析，也可以单击软件界面标题栏中的选项框进行直接分析（选择菜单栏中“残余奥氏体含量检测”），如图1-57所示。

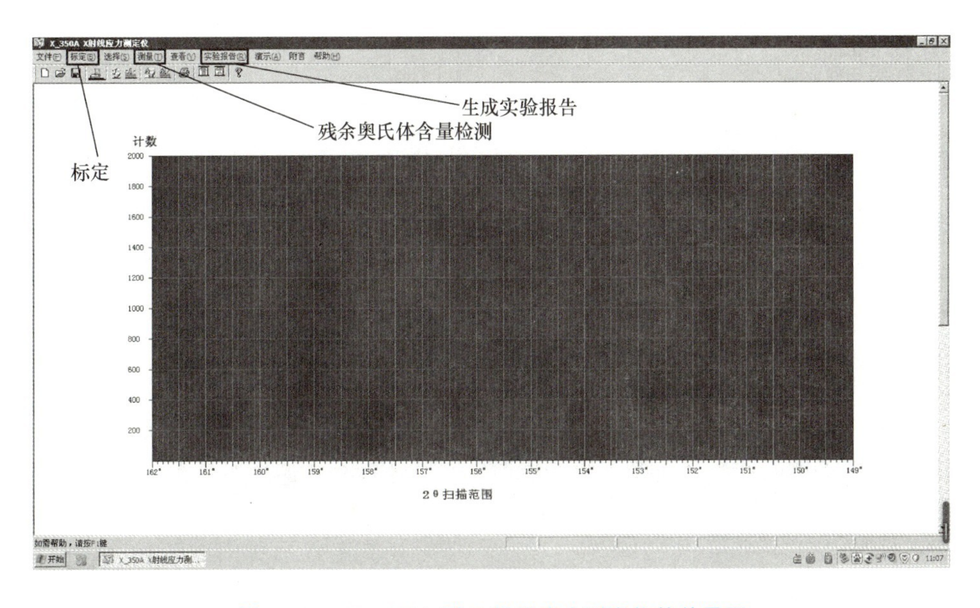

图1-57 X-350A型X射线应力测定仪软件界面

（6）测定结束，单击菜单栏“实验报告”→“单次测量”命令，生成实验报告并保存至桌面。

（7）X 射线分析报告如图 1－58 所示（实验材料为 304 不锈钢）。

北 方 民 族 大 学

钢铁材料α相γ相含量及应力X射线分析报告

委托单位/委托人:　　　　报告编号:　　　　2018-12-6

试件名称		测点编号		辐射	Crkα
材质		测试部位		X 光管高压	20.0KV
状态		Φ 角(°)	0.0	X 光管电流	5.0mA
碳化物含量	0.0%	Ψ 角(°)	0.0	准直管直径	

相	马氏体	奥氏体
2θ扫描起始角	169.00°	134.00°
2θ扫描终止角	142.00°	123.00°
2θ扫描步距	0.20°	0.10°
计数时间	0.50s	1.00s
Ψ 摆角		
摆动周次		

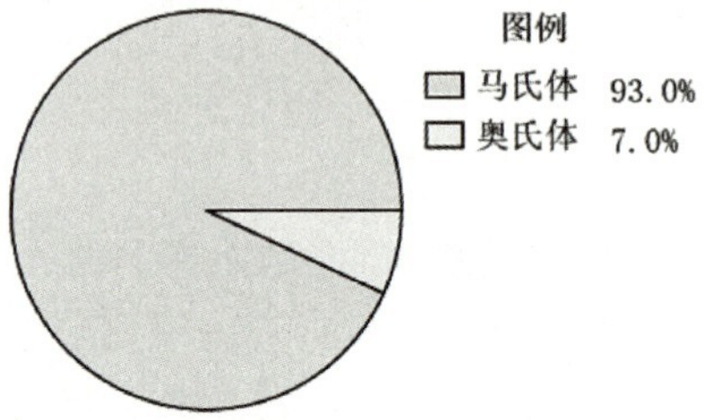

图例

马氏体 93.0%

奥氏体 7.0%

测量结果：各相含量比例图

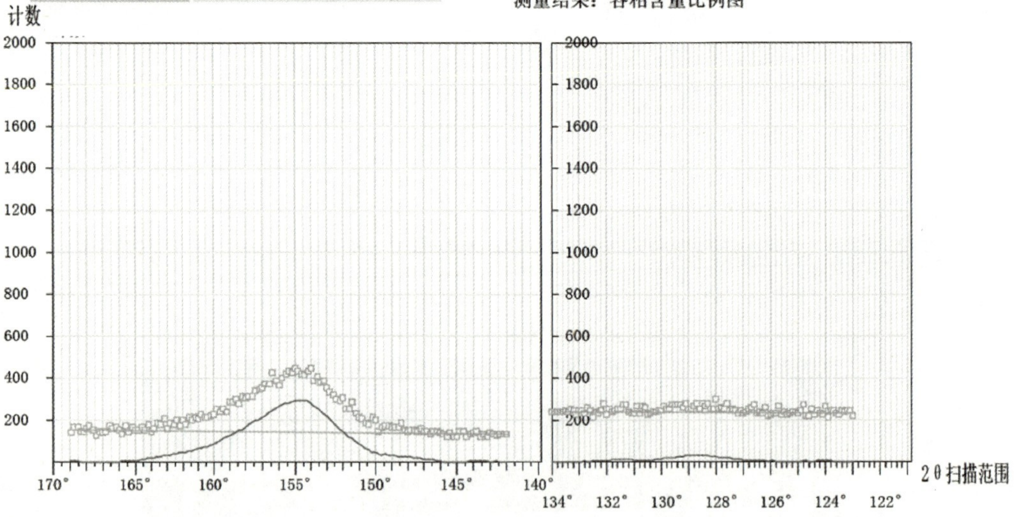

计数

2000 1800 1600 1400 1200 1000 800 600 400 200

170° 165° 160° 155° 150° 145° 140°

134° 132° 130° 128° 126° 124° 122°

2θ扫描范围

图 1－58　X 射线分析报告

（8）实验结束后，先把管电压和管电流调零，再按照启动仪器的相反顺序逐项关闭设备。如果使用仪器的时间较长，则保持一段时间（约 15min）循环水后关闭。

【注意事项】

（1）一般情况下，采用 α(211) 和 γ(220) 衍射线测定残余奥氏体含量。如果材料中有织构，则应该在不同 ϕ 角和 Ψ 角下分别测定残余奥氏体含量，然后求其平均值作为最终测量结果。

（2）如果待测零件的测试点为平面或曲率半径较大，则应该尽量选用直径较大（如

ϕ3mm、ϕ4mm）的准直管。

(3) 衍射峰的积分强度是仅与布拉格衍射有关的净衍射峰的积分面积。要正确获取该面积，必须合理选择 2θ 扫描范围，确定接近真实的衍射峰背底。

(4) 应保证试样平整，且试样表面没有氧化皮、污垢或磕碰损伤。

【实验数据记录与处理】

将测试结果的 X 射线分析附在实验报告中。

【思考题答案】

【思考题】

残余奥氏体含量的变化对碳钢力学性能有哪些影响？

1.14 镁合金表面微弧氧化制备涂层

【实验目的】

(1) 掌握微弧氧化（MAO）的实验机理。

(2) 了解微弧氧化的实验工艺。

(3) 分析观察微弧氧化膜的组织结构。

【实验设备和实验材料】

实验设备：MAO－20D 微弧氧化机、金相显微镜、维氏硬度计。

本实验采用的 MAO－20D 微弧氧化机的主要性能参数如下。

【微弧氧化实验设备】

(1) 输出特性。

① 输出电流与输出电压。最大输出电压为 510V；最大平均输出电流为 35A（占空比＞20％时）；总功率为 18kW；最大处理工件面积为 0.15m^2。

② 稳压精度。交流输入三相 380V ±15％AC，0～100％负载电流变化时，稳压误差不超过规定输出电压的±2％。

③ 脉冲输出。脉冲频率调节范围为 100～2000Hz；脉冲占空比调节范围为 5％～95％。

(2) 输入特性。

输入电压为 380V±15％AC；频率为 50Hz。

(3) 工作方式。

工作方式有全自动控制运行方式和手动控制方式。微弧氧化主监控界面如图 1－59 所示。

实验材料：镁合金、无水乙醇、硅酸钠、磷酸三钠、氢氧化钠、蒸馏水。

【实验原理】

镁合金是以镁为基础加入其他元素组成的合金。其特点有密度小（1.8g/cm^3 左右）、比强度高、比弹性模量大、散热性好、消振性好。目前镁铝合金用途最广，其次是镁锰合金和镁锌锆合金，主要用于航空航天、运输、化工等领域。镁的质量密度大约是铝的 2/3、铁的 1/4，所以镁合金具有高强度和高刚性。但其耐蚀性差、易氧化燃烧、耐热性差，这些缺点直接限制了其在工业领域的使用范围，因此使用表面工程技术在镁合金表面制备氧

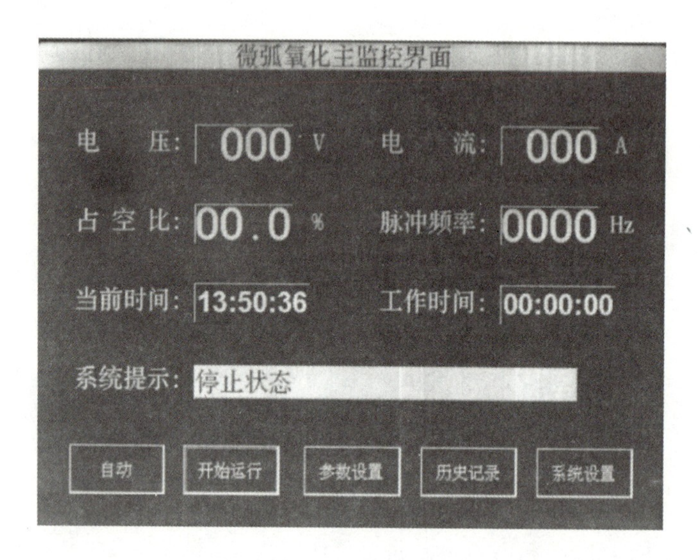

图 1-59 微弧氧化主监控界面

化物涂层，可以有效提高镁合金的抗磨损性和抗腐蚀性，已成为镁合金表面改性的重点技术方法。

微弧氧化是一种在金属表面原位生长陶瓷层的表面处理技术，利用等离子体化学和电化学原理，使材料表面产生微区弧光放电。

【实验方法及步骤】

（1）溶液的配制。

溶液：硅酸钠 10g/L＋磷酸三钠 6g/L＋氢氧化钠 1～2g/L＋蒸馏水。

（2）微弧氧化涂层的制备步骤。

① 试样用 200～1500 号砂纸打磨后用冷水清洗，用丙酮除油，再用工业酒精超声波清洗，随后吹干待用。

② 配制微弧氧化溶液，用玻璃棒将配制好的溶液搅拌均匀。

③ 将试样与微弧氧化设备的阳极相连，不锈钢片为阴极，采用大阴极小阳极结构(阴极面积∶阳极面积≥2∶1)。

④ 将连接好的阴极和阳极放入配制好的溶液中，平行放置，间距约为 3cm。

⑤ 为保证实验过程中溶液的温度，采用循环水冷却，用空气泵搅拌溶液。

⑥ 启动微弧氧化机，设置其工作电压为 380～420V，占空比为 20%，电流频率为 300～500Hz，工作时间为 30～40min。

⑦ 制备完成涂层后，关闭微弧氧化机。

⑧ 将微弧氧化后的试样卸下，在工业酒精中进行超声波清洗后烘干。

【注意事项】

（1）必须用空气泵搅拌溶液，不能使用电磁搅拌。

（2）因为要控制试验中溶液的温度，所以循环水冷却要可靠。

（3）实验中工作电压较高，要注意与工作区保持安全距离。

【实验数据记录与处理】

（1）微弧氧化前试样的表面形貌和截面形貌（通过金相显微镜拍摄）。

（2）微弧氧化后试样的表面形貌和截面形貌（通过金相显微镜拍摄）。

（3）在图1-60中绘制微弧氧化层的硬度曲线。

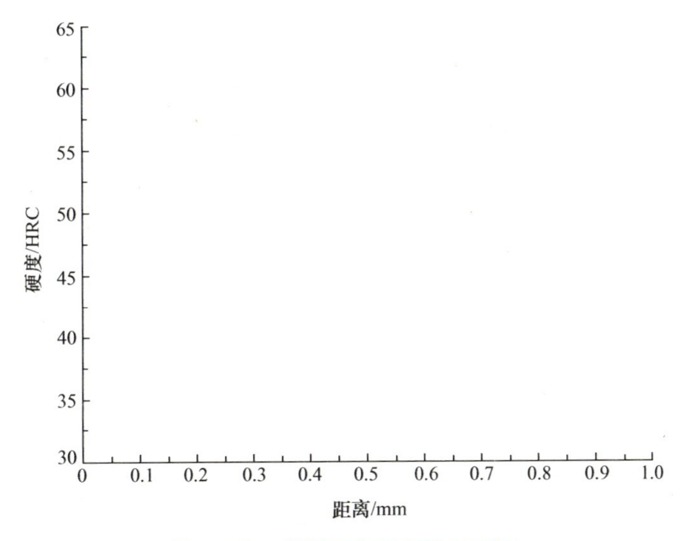

图1-60　微弧氧化层的硬度曲线

【思考题】

【思考题答案】

（1）哪些金属或者合金适合用微弧氧化技术进行表面处理？

（2）微弧氧化技术制备的涂层有哪些缺点？

1.15　钛铝合金表面硅化物涂层的制备及抗氧化性能实验

【实验目的】

（1）了解包埋渗工艺。

（2）掌握原位化学气相沉积技术的机理。

（3）分析观察包埋渗渗层的组织结构及抗氧化性能。

【实验设备和实验材料】

实验设备：马弗炉、坩埚、金相显微镜、维氏硬度计。

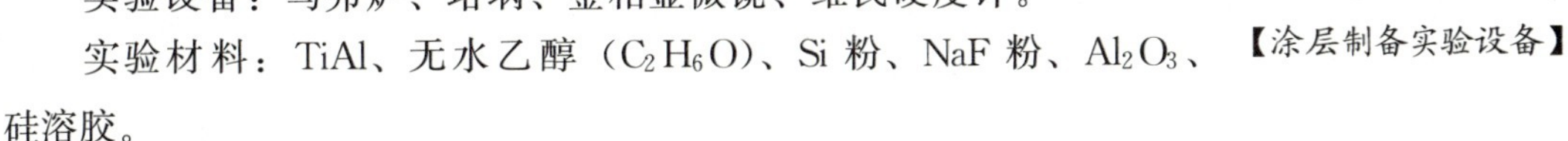

【涂层制备实验设备】

实验材料：TiAl、无水乙醇（C_2H_6O）、Si粉、NaF粉、Al_2O_3、硅溶胶。

【实验原理】

TiAl合金因密度低、比强度高而被认为是一种极具应用潜力的高温结构材料，其在高温（800℃）下具有优异的力学性能，如果将其应用到航空发动机上，能够较当前的超级合金减小约50%的质量。然而，该合金高温抗氧化性能不足，通过合金化方法改善其高温抗氧化性能有一定的局限性，且会显著降低力学性能，因此在TiAl合金表面制备抗氧化涂层是兼顾其力学性能与高温抗氧化性能的有效途径。硅化物涂层密度低、熔点高、热稳定性良好，适用于高温结构材料的高温抗氧化防护。包埋渗法是一种化学气相沉积技术。本实验将采用包埋渗工艺在 TiAl 合金表面制备硅化物涂层。

包埋渗法：高温下，被渗物质与催化剂反应，产生气相的金属卤化物，金属卤化物在基体表面反应生成活性被渗原子，活性原子与基体反应或互扩散形成涂层。包埋渗涂层的形成过程如图 1－61 所示。

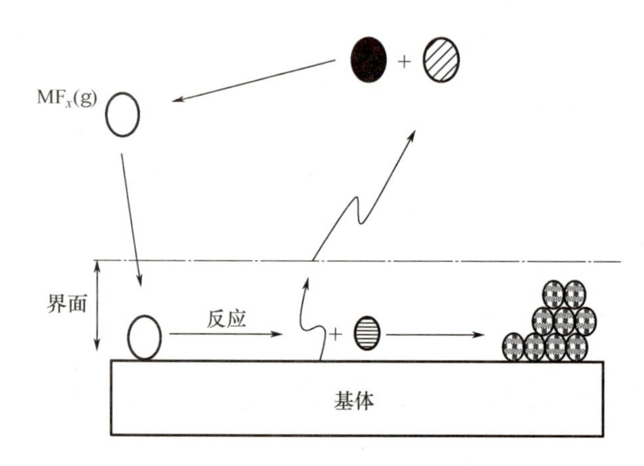

图 1－61　包埋渗涂层的形成过程

渗剂：被渗物——纯物质或合金的粉末；催化剂——卤化物；填充剂——Al_2O_3、SiC。

原理：

$$M + NaF(l) \rightarrow MF_x(g) + Na(g)$$

$$3MF_2(g) \rightarrow [M] + 2MF_3(g)$$

式中，[M] 为被渗元素 M 的活性原子。

【实验方法及步骤】

（1）渗剂的配制。

本实验所用的粉末渗剂由三部分组成：被渗元素（Si）、催化剂（NaF）及填充剂（Al_2O_3）。其中 Si 粉的粒度为 100～200 目，纯度均为分析纯（99%）。按照 Si∶NaF∶Al_2O_3＝15∶7∶73（质量分数）的比例配制渗剂。

（2）渗层的制备工艺。

① 渗剂配制：按预定的质量比例分别称取被渗元素、催化剂及填充剂。

② 装样：将被渗试样埋入装有渗剂的刚玉坩埚中，试样与渗剂装罐时，先在罐底部填入 15～20mm 厚的渗剂；放置试样后，再填入 10～15mm 厚的渗剂并压实。

③ 密封：将渗罐加盖后，使用硅溶胶和 Al_2O_3 的混合物密封，随后将渗罐放入电阻炉内并加热至 100℃，保温 3h，使黏结剂干燥。

④ 装炉：将密封好的渗罐装入电阻炉升温，升温速率约为 15℃/min，待温度升至设定温度（1050℃）后保温一定时间，取出渗罐。

⑤ 取样：渗罐随空气冷却至室温后取出试样，用酒精超声波清洗，然后吹干备用。

图 1－62 为包埋渗装置。

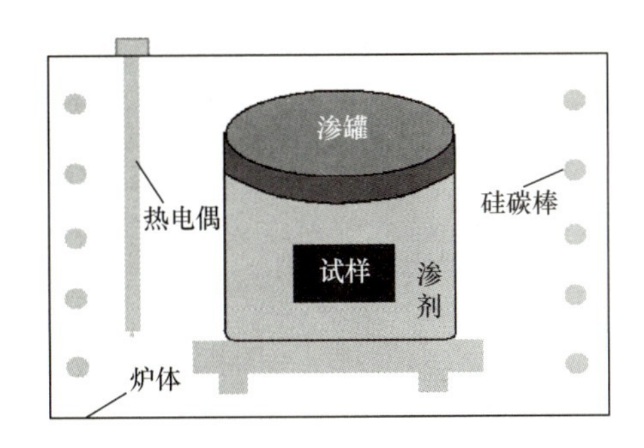

图 1-62 包埋渗装置

(3) 高温氧化性能实验。

① 准备原始试样及包埋渗处理后的试样各 3 个，并称其质量。

② 将原始试样及包埋渗处理后的试样分别放入坩埚。

③ 将装有试样的坩埚放入 1000℃的马弗炉中，保温 5h 后出炉并冷却到室温。

④ 分别称取冷却后试样的质量并记录。

【注意事项】

(1) 渗罐密封后要在室温中静置 12h 或在 100℃烘箱中干燥 3h。

(2) 从炉膛中取出渗罐时要戴隔热手套，防止烫伤。

(3) 包埋渗过程中，马弗炉的升温速率不能超过 20℃/min。

【实验数据记录与处理】

(1) 包埋渗前试样的表面形貌和截面形貌（通过金相显微镜拍摄）。

(2) 包埋渗后试样的表面形貌和截面形貌（通过金相显微镜拍摄）。

(3) 高温氧化前试样的表面形貌和截面形貌（通过金相显微镜拍摄）。

(4) 高温氧化后试样的表面形貌和截面形貌（通过金相显微镜拍摄）。

(5) 在图 1-63 中绘制包埋渗层的硬度曲线。

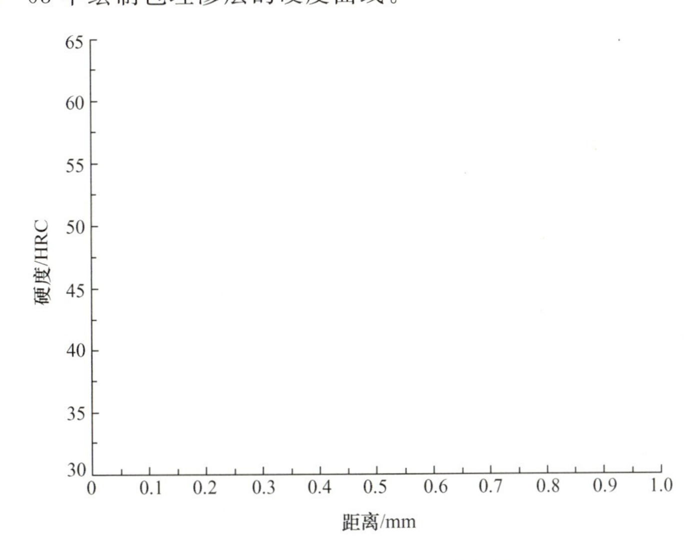

图 1-63 包埋渗层的硬度曲线

（6）记录高温氧化前后试样质量的变化。

【思考题】

（1）钛铝合金表面包埋渗硅与工业中钢表面渗碳有无差异（从机理、温度等方面考虑）？

（2）除了渗硅，常见的渗金属还有哪些？

【思考题答案】

第 2 部分
钢的热处理原理

2.1 铁碳合金相图

1. 铁碳合金相图分析

钢和铸铁是应用最广的金属材料，虽然它们种类众多、成分不一，但是钢和铸铁的基本组成都是铁（Fe）和碳（C）两种元素。因此，学习铁碳合金相图、掌握应用铁碳合金相图的规律来解决实际问题是非常重要的。Fe 和 C 能够形成 Fe_3C、Fe_2C 和 FeC 等多种稳定化合物，铁碳合金相图可以划分为 $Fe-Fe_3C$、Fe_3C-Fe_2C、Fe_2C-FeC 和 FeC－C 四个部分。由于含碳量（w_C）大于 6.69%的铁碳合金脆性极大，没有实际使用价值，因此只研究 $Fe-Fe_3C$ 部分。图 2－1 所示为 $Fe-Fe_3C$ 相图。$Fe-Fe_3C$ 相图中的特征点见表 2－1。

【铁碳合金相图中的特征点】

$Fe-Fe_3C$ 相图中的特征线见表 2－2。其中，ES 线是碳在奥氏体中的溶解度曲线。$w_C>0.77\%$的合金，从 1148℃冷却到 727℃的过程中，奥氏体中将析出渗碳体，这种渗碳体称为二次渗碳体（Fe_3C_{II}）。PQ 线是碳在铁素体中的溶解度曲线。铁碳合金由 727℃冷却到室温的过程中，铁素体中将析出渗碳体，这种渗碳体称为三次渗碳体（Fe_3C_{III}）。GS 线是冷却过程中奥氏体转变为铁素体的开始线；或者说是加热过程中，铁素体转变为奥氏体的终了线（具有同素异构转变的纯金属，其固溶体也具有同素异构转变，但转变温度不同）。

表 2－1　$Fe-Fe_3C$ 相图中的特征点

符　号	T/℃	w_C/(%)	含　义
A	1538	0	纯铁的熔点
B	1495	0.53	包晶转变时液态合金的成分
C	1148	0.43	共晶点
D	1227	6.69	Fe_3C 的熔点

续表

符　　号	T/℃	w_C/(%)	含　　义
E	1148	2.11	碳在 γ - Fe 中的最大溶解度
F	1148	6.69	Fe_3C 的成分
G	912	0	α 与 γ 同素异构转变点（A_3）
H	1495	0.09	碳在 δ - Fe 中的最大溶解度
J	1495	0.17	包晶点
K	727	6.69	Fe_3C 的成分
N	1394	0	γ 与 δ 同素异构转变点（A_4）
P	727	0.0218	碳在 α - Fe 中的最大溶解度
S	727	0.77	共析点
Q	室温	0.0008	室温下碳在 α - Fe 中的溶解度

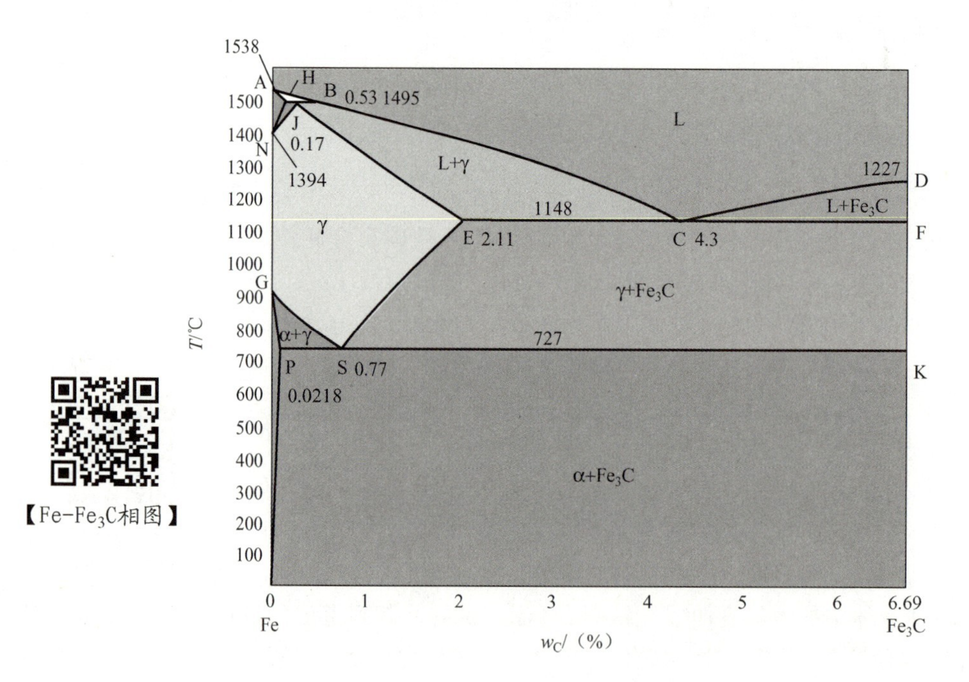

图 2-1　Fe - Fe_3C 相图

表 2-2　Fe - Fe_3C 相图中的特征线

特　征　线	含　　义
ABCD	Fe - Fe_3C 的液相线
AHJECF	Fe - Fe_3C 的固相线
HJB	$L_B + \delta \rightarrow A_J$
ECF	$L_C \rightarrow A_E + Fe_3C$ 共晶转变线

续表

特征线	含义
GS	奥氏体转变为铁素体的开始线
ES	碳在奥氏体中的溶解度曲线
PSK	A→ F+Fe_3C 共析转变线
PQ	碳在铁素体中的溶解度曲线

2. 铁碳合金相图中的基本相

(1) 铁素体 (Ferrite)。

纯铁在912℃以下具有体心立方晶格。碳溶于α-Fe中的间隙固溶体称为铁素体，以符号F表示。由于α-Fe是体心立方晶格结构，它的晶格间隙很小，因此溶碳能力极差，在727℃时溶碳量最大，可达0.0218%。然而，随着温度的下降，溶碳量逐渐减少，在600℃时溶碳量约为0.0057%，在室温时溶碳量约为0.0008%。铁素体的强度和硬度不高，但具有良好的塑性与韧性，其机械性能如下：抗拉强度为180～280MN/m^2，屈服强度为100～170MN/m^2，延伸率为30%～50%，断面收缩率为70%～80%，冲击韧性为160～200J/cm^2，硬度为50～80HB。

图2-2所示为退火态45钢（500×），图中白色相为铁素体。

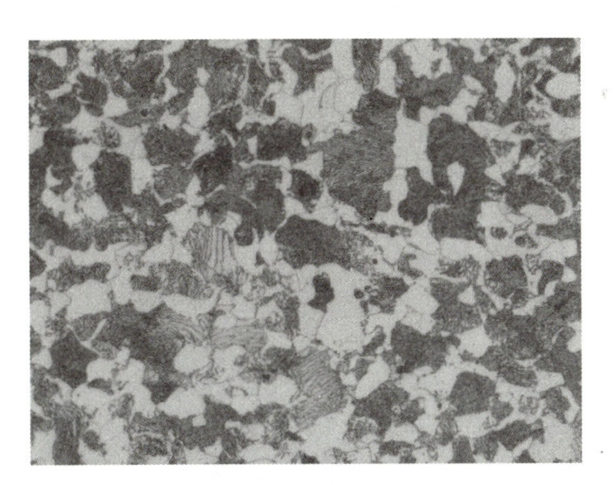

【铁素体】

图2-2 退火态45钢（500×）

(2) 奥氏体 (Austenite)。

【奥氏体的形成】

奥氏体是钢铁的一种层片状的显微组织，通常是γ-Fe中固溶少量碳的无磁性固溶体，也称A或γ-Fe。奥氏体的名称来自英国的冶金学家威廉·钱德勒·罗伯茨-奥斯汀（William Chandler Roberts-Austen)。奥氏体塑性很好、强度较低、具有一定韧性，不具有铁磁性。虽然奥氏体强度较低，但是溶碳能力较强（1146℃时可以溶入2.04%的碳)。铁素体在912～1394℃时会转变成奥氏体，晶格结构由体心立方变为面心立方。奥氏体系列的不锈钢常用于食品工业和外科手术器材。图2-3所示为固溶处理后的1Cr18Ni9Ti不锈钢（500×），图中白色相为奥氏体。

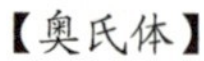

【奥氏体】

图 2-3　固溶处理后的 1Cr18Ni9Ti 不锈钢（500×）

（3）渗碳体（Cementite）。

渗碳体是铁与碳形成的金属化合物，其化学式为 Fe_3C。渗碳体的含碳量 $w_C=6.69\%$，熔点为 1227℃。其晶格为复杂的正交晶格，硬度很高（800HBW），几乎不具有塑性、韧性，脆性很大。在铁碳合金中有不同形态的渗碳体，其数量、形态与分布对铁碳合金的性能有直接影响。按照生成方式不同，渗碳体可分为一次渗碳体（从液体相中析出）、二次渗碳体（从奥氏体中析出）和三次渗碳体（从铁素体中析出）。渗碳体不易受硝酸酒精溶液的腐蚀，被硝酸酒精腐蚀后在光学显微镜下呈亮白色；但易受碱性苦味酸钠的腐蚀，被碱性苦味酸钠腐蚀后在光学显微镜下呈黑色。渗碳体的显微组织形态很多，在钢和铸铁中与其他相共存时呈片状、粒状、网状或板状。渗碳体是碳钢中的主要强化相，它的形状与分布对钢的性能有很大的影响。渗碳体是一种介（亚）稳定相，在一定条件下会发生分解（$Fe_3C \rightarrow 3Fe+C$），分解出的单质碳为石墨。

图 2-4 所示为退火态 T12 钢（500×），图中黑白相间的层片状基体相为珠光体，晶界上白色网络状物相为 Fe_3C_{II}。

【渗碳体】

图 2-4　退火态 T12 钢（500×）

(4) 珠光体(Pearlite)。

【珠光体的形成】

珠光体为铁素体薄层和渗碳体薄层交替叠压的层状复相物,也称片状珠光体,用符号P表示,含碳量w_C=0.77%。在珠光体中,铁素体约占88%,渗碳体约占12%,由于铁素体的数量明显多于渗碳体,因此铁素体层片要比渗碳体厚得多。此外,在球化退火条件下,珠光体中的渗碳体也可呈粒状,这种珠光体称为粒状珠光体。

片状珠光体通常是指在A_{C1}~650℃形成的,在光学显微镜下能明显分辨出铁素体和渗碳体层片状组织形态的珠光体,其片间距为150~450nm。在650~600℃下形成的珠光体的片间距较小,为80~150nm,只有在高倍(800~1500倍)光学显微镜下才能分辨出铁素体和渗碳体的片层形态,这种片层较细的珠光体称为索氏体。在600~550℃下形成的珠光体的片间距极细,为30~80nm,在光学显微镜下无法分辨其层片状特征,只有在电子显微镜下才能区分,这种片层极细的珠光体称为屈氏体,也称托氏体。

图2-5所示为退火态20钢(500×),其主要组织为铁素体和珠光体,图中白色晶粒为铁素体,黑色块状为片状珠光体。图2-6所示为基体组织是铁素体和索氏体的正火态45钢(500×),图中白色条块状为沿晶界析出的铁素体,黑色块状为索氏体。只有借助高倍扫描电镜才能观测到屈氏体,图2-7是通过扫描电镜观察到的正火态白口铸铁(10000×),在放大一万倍后能够清晰地观测到屈氏体的条纹状形貌。

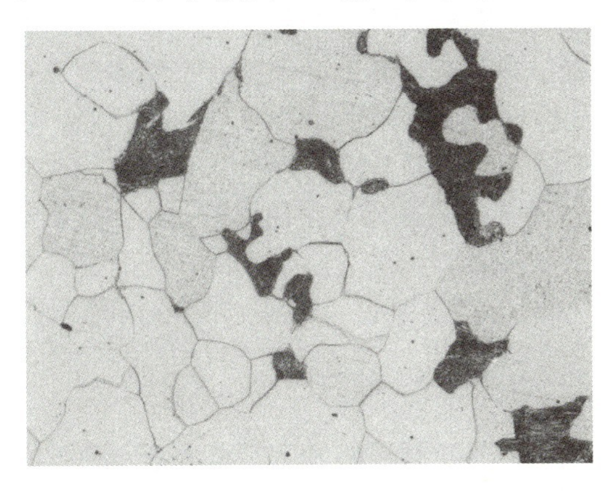

图2-5 退火态20钢(500×)

图2-6 正火态45钢(500×)

(5) 莱氏体(Ledeburite)。

【莱氏体】

莱氏体是钢铁材料基本组织结构中的一种,由液态铁碳合金发生共晶转变形成的奥氏体和渗碳体组成,含碳量w_C=4.3%。在高温下形成的共晶渗碳体呈鱼骨状或网状分布在晶界处,经热加工破碎后变成块状,沿轧制方向链状分布。莱氏体在常温下是珠光体、渗碳体和共晶渗碳体的混合物;当生成温度高于727℃时,莱氏体由奥氏体和渗碳体组成,用符号L_d表示;当生成温度低于727℃时,莱氏体由珠光体和渗碳体组成,用符号L'_d表示,称为变态莱氏体。铸态W18Cr4V(500×)的主要组织为莱氏体、屈氏体和残余奥氏体,如图2-8所示。共晶莱氏体呈鱼骨状分布,其共晶碳化物极难溶于奥氏体中,故无法借助热处理改变其形态,只能锻轧破碎。

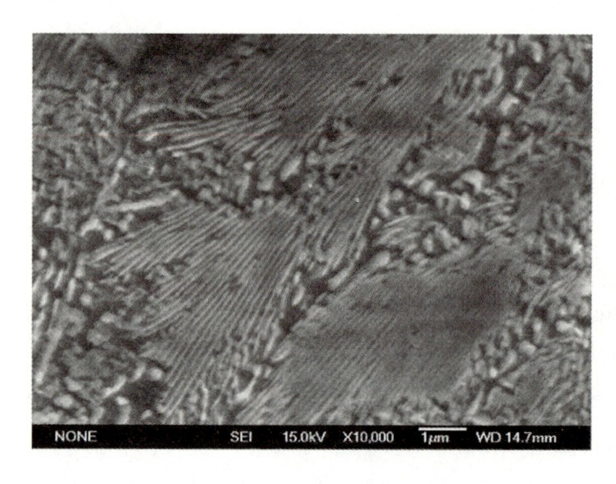

图 2－7　正火态白口铸铁（10000×）

图 2－8　铸态 W18Cr4V（500×）

2.2　钢的热处理原理

热处理是一种重要的金属热加工工艺，已广泛应用于机械制造业中。据初步统计，机床制造中 60%～70%的零件需经过热处理；在汽车、拖拉机制造业中需热处理的零件达 70%～80%；模具、滚动轴承的零件则要 100%经过热处理。总之，重要的零件都要经过适当的热处理才能使用。之所以能对钢进行热处理，是由于钢在固态下能够产生相变。固态相变可以改变钢的组织结构，进而改变钢的性能。钢中固态相变的规律称为热处理原理，是制定热处理的加热温度、保温时间和冷却方式等工艺参数的理论依据。热处理原理包括钢的加热转变和冷却转变，钢的加热转变主要是钢的奥氏体化；钢在冷却转变中又可分为珠光体转变、贝氏体转变和马氏体转变。

1. 钢在加热过程中的相变

加热钢获得奥氏体的转变过程称为奥氏体化过程。奥氏体化过程分为两种：一种是使钢获得单相奥氏体，称为完全奥氏体化；另一种是使钢获得奥氏体和渗碳体（或者奥氏体和铁素体）的两相组织，称为不完全奥氏体化。

共析钢缓慢冷却得到的平衡组织是片状珠光体，是由片状铁素体和渗碳体交替组成的两相混合物。当以一定的加热速度加热至奥氏体化温度 A_1 以上时，珠光体将向奥氏体转变，转变的反应式为

$$\alpha \quad + \quad Fe_3C \quad \longrightarrow \quad \gamma$$

体心立方　　　正交晶系　　　面心立方

($w_C=0.0218\%$)　　($w_C=6.69\%$)　　($w_C=0.77\%$)

铁素体的晶体是体心立方结构，含碳量$w_C=0.0218\%$；渗碳体的晶体结构属于正交晶系，含碳量$w_C=6.69\%$；加热转变的产物是面心立方结构、含碳量$w_C=0.77\%$的奥氏体。珠光体向奥氏体转变的反应物和生成物的晶体结构和成分都不相同，因此转变过程必然涉及碳的重新分布和铁的晶格改组，这是借助碳原子和铁原子的扩散进行的，所以珠光体向

奥氏体的转变（即奥氏体化）是一个扩散型相变过程，是通过碳原子扩散以奥氏体晶粒形核和长大方式进行的。

【奥氏体晶粒的长大】

珠光体向奥氏体转变的过程分为以下四个阶段（图 2－9）。

(1) 奥氏体形核。将共析钢加热到 A_1 以上，奥氏体晶核优先在铁素体和渗碳体相界面上形核。这是因为相界面上原子排列不规则，偏离了平衡位置，处于能量较高的状态，并且相界面上碳浓度处于过渡状态（即界面一侧是含碳量低的铁素体，另一侧是含碳量高的渗碳体），容易起伏，所以相界面上具备了形核所需的结构起伏（原子排列不规则）、能量起伏（处于高能量状态）和浓度起伏，奥氏体晶核优先在相界面上形核。

(2) 奥氏体长大。在相界面上形成奥氏体晶核后，与含碳量高的渗碳体接触的奥氏体一侧含碳量高，而与含碳量低的铁素体接触的奥氏体一侧含碳量低，必然导致碳在奥氏体中由高浓度一侧向低浓度一侧扩散。碳在奥氏体中的扩散一方面促使铁素体向奥氏体转变，另一方面促使渗碳体不断地溶入奥氏体中，奥氏体也就随之逐渐长大。

(3) 残余渗碳体溶解。铁素体消失后，随保温时间的延长，剩余渗碳体通过碳原子的扩散逐渐溶入奥氏体中，直至消失。

(4) 奥氏体均匀化。渗碳体完全溶解后，碳在奥氏体中的成分是不均匀的，原先是渗碳体位置的碳浓度高，铁素体位置的碳浓度低。随着保温时间的延长，碳原子不断扩散，最终形成了碳含量分布均匀的共析成分奥氏体。

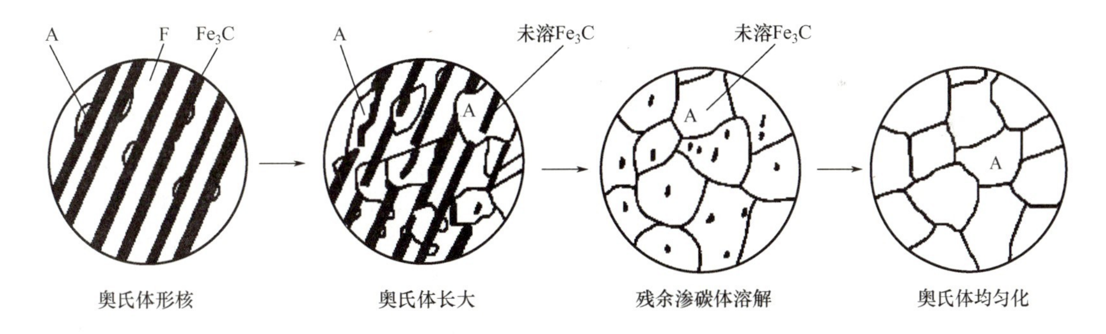

图 2－9　珠光体向奥氏体转变的过程

加热钢的目的是得到成分均匀、晶粒细小的奥氏体，以便钢冷却后得到晶粒细小、力学性能良好的基体组织。因此，奥氏体晶粒大小是评价钢加热质量的重要指标之一。奥氏体的晶粒大小通常用晶粒度表示。所谓晶粒度是指在金相显微镜下，单位面积上的晶粒个数。目前国际上将奥氏体晶粒度分为八个级别，如图 2－10 所示，并制定了每个级别的标准金相图片。若要测定某种钢的奥氏体晶粒度，只需把该钢的奥氏体金相图片与标准图片比较，就可以得到钢的奥氏体晶粒度级别，从而判定奥氏体晶粒大小。奥氏体晶粒大小与晶粒度级别的关系为

$$n=2^{N-1}$$

式中，n 为在显微镜下放大 100 倍时，每平方英寸（1 英寸≈2.54 厘米）面积上的奥氏体晶粒个数；N 为奥氏体的晶粒度级别。

此式表明，晶粒度级别 N 越小，每平方英寸面积上的奥氏体晶粒越少，奥氏体晶粒

越粗大。一般规定：$N<1$ 时为超粗晶粒；$N=1\sim4$ 时为粗晶粒；$N=5\sim8$ 时为细晶粒；$N>8$ 时为超细晶粒。

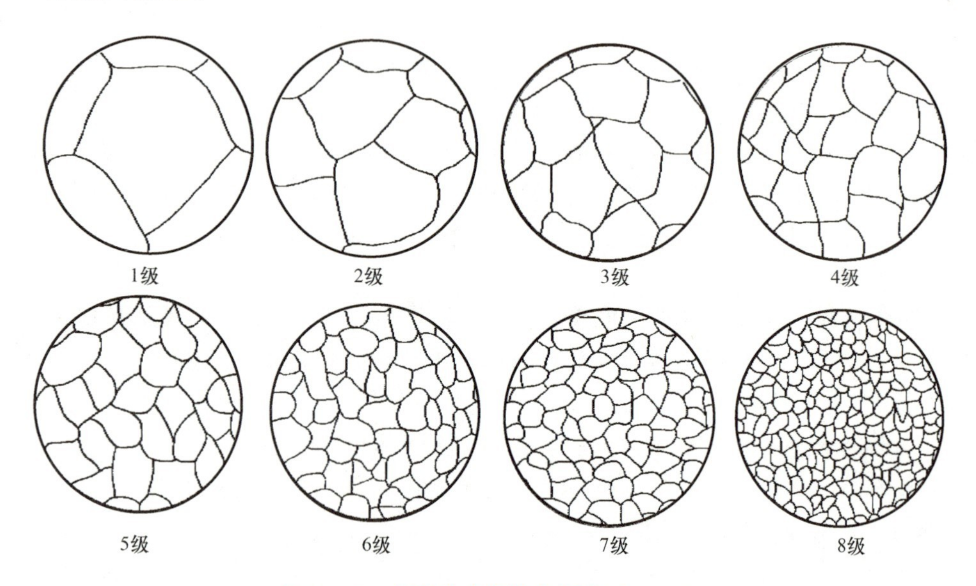

图 2-10　奥氏体的晶粒度级别（100×）

奥氏体的晶粒度涉及以下三个基本概念：起始晶粒度、实际晶粒度和本质晶粒度。起始晶粒度表示奥氏体转变刚结束时的晶粒大小；实际晶粒度表示具体加热条件下获得的奥氏体晶粒大小；本质晶粒度表示钢在特定的加热条件下，奥氏体晶粒长大的倾向性，可分为本质粗晶粒度和本质细晶粒度。

奥氏体晶粒长大是通过原子扩散促使晶界迁移来完成的，因此所有加速原子扩散的因素都促进奥氏体晶粒长大。提高钢的奥氏体化过程的加热温度和延长保温时间，能够加速原子扩散，有利于晶界迁移，促使奥氏体晶粒长大。在设定温度下保温时，初始晶粒迅速长大，随着保温时间不断延长，奥氏体晶粒长大速度放缓。在奥氏体化的两个因素（加热温度和保温时间）中，加热温度的影响尤为显著，所以在合理选择保温时间的同时，更应该严格控制加热温度。钢的奥氏体化转变过程中，加热速度越快，过热度越大，则奥氏体的形核率越高，转变刚结束时的奥氏体晶粒越细小。但若在高温下长时间保温，晶粒容易长大。工业生产中的表面淬火就是利用快速加热、短时保温的方法，获得晶粒细小的奥氏体的。

对奥氏体晶粒长大的化学成分的影响可分为含碳量的影响及其他合金元素的影响。其中，其他合金元素是指为了改善钢的性能而在冶炼时额外添加的元素。随着奥氏体中含碳量的增加，碳原子和铁原子扩散速度加快，晶界迁移速度加快，奥氏体晶粒长大的倾向性增强。然而，如果碳以碳化物的形式存在于钢中，则会降低晶界迁移的速度，阻碍奥氏体晶粒长大。一旦碳化物溶解于奥氏体中，碳化物阻碍晶粒长大的作用就会丧失，奥氏体晶粒将迅速长大。冶炼钢时加入适量的钛、锆、铌、钒等强碳化物形成元素，可以得到本质细晶粒钢。钛、锆、铌、钒等合金元素能在钢中形成碳化物或氮化物，它们的熔点很高，加热时不容易熔入奥氏体中，具有阻碍晶界迁移、抑制奥氏体晶粒长大的作用。在钢中不形成碳化物的元素（如硅、镍、铜等）也有阻碍奥氏体晶粒长大的作用。但钢中的锰、磷、氮等元素会加速奥氏体晶粒长大。

2. 钢在冷却过程中的相变

加热的作用是获得晶粒细小、成分均匀的奥氏体，为随后的冷却做准备。由于冷却方式和冷却速度会对钢冷却后的组织和性能产生决定性的影响，因此掌握钢冷却时组织的转变规律尤为重要。处于平衡临界温度 A_1 以下的奥氏体，称为过冷奥氏体。过冷奥氏体的吉布斯自由能高，处于热力学不稳定状态。冷却速度（即过冷度）不同，过冷奥氏体可能会发生珠光体转变、贝氏体转变或马氏体转变。

实际生产过程中，奥氏体化的钢的冷却方式（图 2－11）通常有两种：一种是等温冷却，将奥氏体化的钢迅速冷却至平衡临界温度 A_1 以下的某个温度，保温一定时间，使过冷奥氏体发生等温转变，转变结束后再冷至室温；另一种是连续冷却，将奥氏体化的钢以一定冷却速度冷却至室温，使过冷奥氏体在一定温度范围内发生连续转变。连续冷却在实际热处理中更常用。热处理工艺中采用不同的冷却方式，过冷奥氏体将转变为不同组织，最终性能有很大的差异。表 2－3 为 45 钢经 840℃加热并在不同条件下冷却后的力学性能。

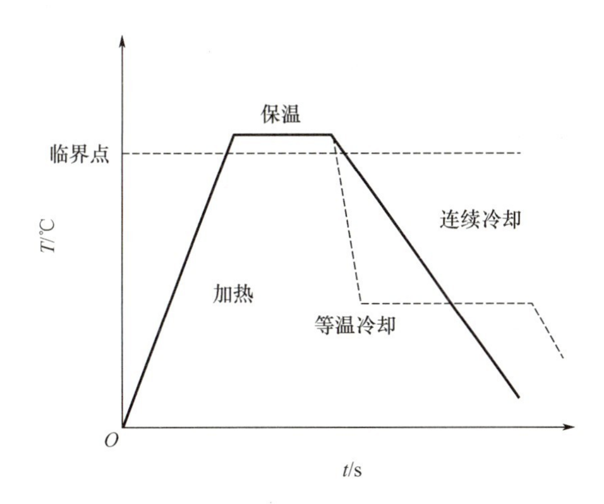

图 2－11　奥氏体化的钢的冷却方式

表 2－3　45 钢经 840℃加热并在不同条件下冷却后的力学性能

冷却方式	抗拉强度 /MPa	屈服点强度 /MPa	断后伸长率 /(%)	断面收缩率 /(%)	硬度 /HRC
随炉冷却	530	280	32.5	49.3	15～18
空气中冷却	670～720	340	15～18	45～50	18～24
油中冷却	900	620	18～20	48	40～50
水中冷却	1100	720	7～8	12～14	52～60

图 2－12 所示为钢的过冷奥氏体等温冷却转变曲线。图中最上部的水平线是 A_1 线，A_1 是奥氏体和珠光体相互转变的平衡临界温度。水平线 A_1 以上的区域称为奥氏体区，在此区域内，共析钢中的奥氏体稳定存在。图 2－12 中部有两条曲线，酷似英文字母“C”，故称为 C 曲线。左边 C 曲线是过冷奥氏体转变起始线。一定温度下，纵轴到该曲线的水平距离表示过冷奥氏体开始等温转变所需的时间，称为孕育期。孕育期越长，过冷奥氏体越稳定；孕育期越短，过冷奥氏体越不稳定。550℃左右，孕育期最短，过冷奥氏体稳定性最差，称为 C 曲线的“鼻尖”。右边 C 曲线是过冷奥氏体转变结束线。一定温度下，纵轴到该曲线的水平距离表示过冷奥氏体等温转变结束所需的时间。C 曲线下部有两条水平线——M_s 线和 M_f 线，分别表示过冷奥氏体发生马氏体转变的开始温度和结束温度。由 A_1 线、纵轴、M_s 线和左边的 C 曲线（即过冷奥氏体转变开始线）围成的区域，称为过冷奥氏体区。可以通过过冷奥氏体的等温冷却转变曲线分析钢在 A_1 线以下不同温度下等温转变的产物，有珠光体和贝氏体两种。

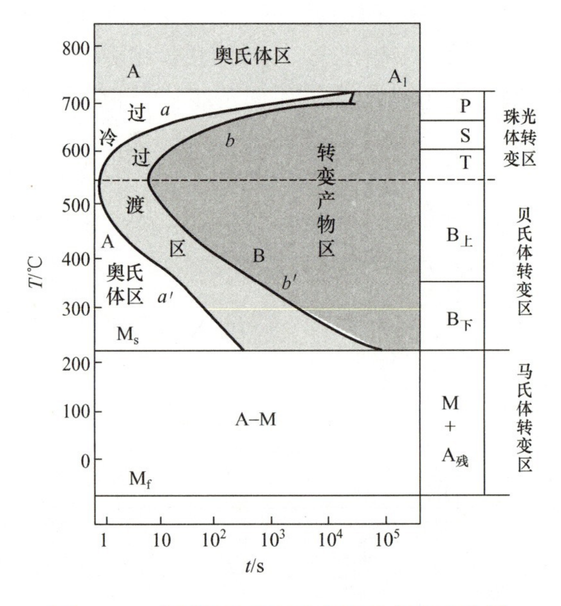

图 2－12　钢的过冷奥氏体等温冷却转变曲线

（1）高温转变。

高温转变的转变温度为 A_1～550℃，可获得片状珠光体组织。

【珠光体组织】

按转变温度由高到低，转变产物分别为珠光体、索氏体、屈氏体，片层间距由粗到细。其力学性能与片层间距有关，片层间距越小，则塑性变形抗力越大，强度和硬度越高，塑性越好。

（2）中温转变。

中温转变的转变温度为 550℃～M_s，此温度下转变获贝氏体组织。贝氏体组织是由过饱和的铁素体和碳化物组成的，分上贝氏体和下贝氏体。

【贝氏体组织】

在 550～350℃形成的贝氏体称为上贝氏体，金相组织呈羽毛状，如图 2－13（a）所示；在 350℃～M_s 形成的贝氏体称为下贝氏体，金相组织呈黑色针状（或称竹叶状），如图2-13（b）所示，下贝氏体组织通常具有优良的综合力学性能，强度和韧性都较高。

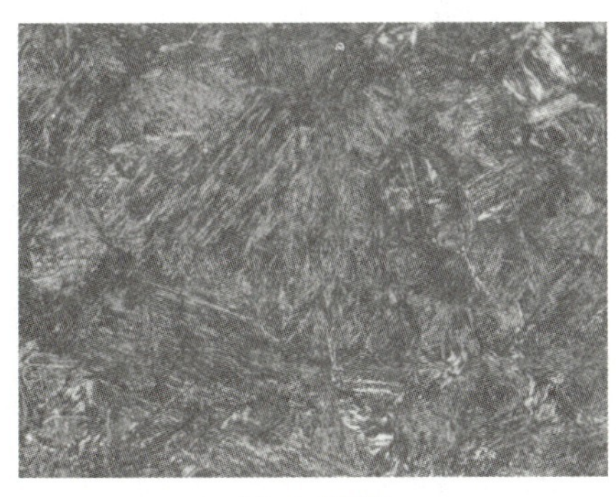

（a）上贝氏体

（b）下贝氏体

【贝氏体转变】

图2-13 T8钢等温淬火（500×）

等温转变温度越低，生成的组织晶粒越细小，强度、硬度越高。过冷奥氏体等温转变的高温转变产物和中温转变产物见表2-4。

表2-4 过冷奥氏体等温转变的高温转变产物和中温转变产物

转变类型	转变温度/℃	转变产物	符号	显微组织特征	硬度/HRC
高温转变	A_1～650	珠光体	P	粗片状铁素体与渗碳体混合物	<25
	650～600	索氏体	S	600×金相显微镜下才能分辨的细片状珠光体	25～35
	600～550	屈氏体	T	在金相显微镜下已无法分辨的极细片状珠光体	35～40
中温转变	550～350	上贝氏体	$B_{上}$	羽毛状组织	40～45
	350～M_s	下贝氏体	$B_{下}$	黑色针状（或称竹叶状）组织	45～55

（3）低温转变。

【马氏体组织】

碳在α-Fe中的过饱和固溶体称为马氏体，用符号"M"表示。在M_s线以下，过冷奥氏体发生的转变称为马氏体转变，马氏体转变只在连续冷却时出现，是一种低温转变。低碳马氏体组织通常呈板条状，高碳马氏体组织通常呈针叶状。图2-14所示为淬火20钢的板条状马氏体（500×），图2-15所示为淬火T8钢的针叶状马氏体（500×）。马氏体的强度和硬度主要取决于含碳量。含碳量增加，马氏体的强度与硬度增强。低碳马氏体具有良好的强度及一定的韧性；高碳马氏体具有硬度高、脆性大的性能特点。

马氏体转变具有以下四个特点。

① 马氏体转变是在一个温度范围内（M_s～M_f）连续冷却完成的，马氏体相变点M_s和M_f主要与奥氏体的含碳量有关。

② 马氏体转变具有不完全性。把过冷奥氏体冷却到室温并不能得到全部马氏体，通常还会保留一定量的奥氏体，这种在冷却过程中发生相变后仍在室温下存在的奥氏体称为

残余奥氏体（A_r）。残余奥氏体会降低钢的硬度和耐磨性，并影响钢尺寸的稳定性。要使残余奥氏体继续向马氏体转变，需要将淬火钢继续冷却至室温以下（如冰柜可冷却至0℃以下；干冰+酒精可冷却至−78℃；液氮可冷却至−183℃），这种处理方法称为冷处理。一些尺寸要求高的工件（如精密刀具、精密量具、精密轴承、精密丝杆等）应在淬火后进行冷处理。

【马氏体的形成】

图2-14　淬火20钢的板条状马氏体（500×）

图2-15　淬火T8钢的针叶状马氏体（500×）

③ 马氏体转变的速度极快，属非扩散型相变，一般不需要孕育期。

④ 马氏体转变会使钢的体积膨胀。由于马氏体的比容比奥氏体的大，通常又是在较快的冷却速度下发生转变，钢件内外温差大，因此会产生较大的内应力，这是导致淬火钢变形和开裂的主要原因之一。

实际生产中的热处理一般采用连续冷却方式，过冷奥氏体的转变是在一定温度范围内进行的。虽然可以利用等温转变曲线来定性分析连续冷却时过冷奥氏体的转变过程，但分析结果与实际结果往往存在误差。因此，建立并分析过冷奥氏体连续冷却转变曲线尤为重要。共析钢的过冷奥氏体连续冷却转变曲线如图2-16所示。

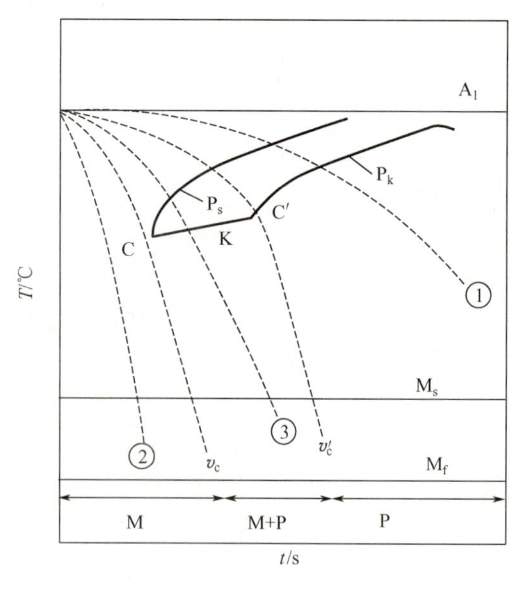

图2-16　共析钢的过冷奥氏体连续冷却转变曲线

共析钢的过冷奥氏体连续冷却转变曲线中只有珠光体转变区和马氏体转变区，没有贝氏体转变区。这是由于共析钢贝氏体转变时孕育期较长，在连续冷却过程中贝氏体转变还来不及进行，温度就降到了室温。图中 P_s 线是珠光体转变开始线，P_k 线是珠光体转变结束线，K 线是珠光体转变终止线。当共析钢连续冷却转变曲线遇到 K 线时，未转变的过冷奥氏体不再发生珠光体转变，而被保留在 M_s 温度以下发生马氏体转变。冷却速度 v_c 称为上临界冷却速度或临界淬火速度，表示过冷奥氏体不发生珠光体转变，只发生马氏体转变的最小冷却速度；冷却速度 v_c' 称为下临界冷却速度，表示过冷奥氏体不发生马氏体转变，只发生珠光体转变，得到 100%珠光体组织的最大冷却速度。

按照奥氏体化后共析钢的冷却速度不同，可获得以下三种室温组织。

(1) 若共析钢的冷却速度 $v<v_c'$，则冷却曲线（图 2－16 中的冷却曲线①）与 P_s 线和 P_k 线相交，不与 K 线相交，表明过冷奥氏体全部转变为珠光体。因此，转变后共析钢的室温组织为珠光体。由于珠光体转变是在一定温度范围内进行的，转变过程中过冷度逐渐增大，珠光体的片间距逐渐减小，因此珠光体组织不均匀。

(2) 若共析钢的冷却速度 $v_c'<v<v_c$，则冷却曲线（图 2－16 中的冷却曲线③）与 P_s 线和 K 线相交，不与 P_k 线相交，表明一部分过冷奥氏体转变为珠光体，而另一部分过冷奥氏体被保留至 M_s 温度以下转变为马氏体。因此，转变后共析钢的室温组织为珠光体和马氏体。

(3) 若共析钢的冷却速度 $v>v_c$，则冷却曲线（图 2－16 中的冷却曲线②）不与 P_s 线、K 线和 P_k 线相交，表明全部过冷奥氏体冷却至 M_s 温度以下发生马氏体转变。由于马氏体转变不完全，会有部分过冷奥氏体在室温保留下来，即残余奥氏体。因此，转变后共析钢的室温组织为马氏体和奥氏体。

常见钢的等温冷却转变曲线（C 曲线）可在相关热处理手册中查到，而连续冷却转变曲线（CCT 曲线）的测定有一定困难，某些钢的 CCT 曲线难以查到，此时可利用 C 曲线分析钢的连续冷却过程。

2.3 钢的热处理工艺

热处理工艺是将钢在固态下加热、保温和冷却，以改变钢的组织结构，从而获得所需性能的一种工艺。热处理是一种重要的加工工艺，已在机械制造业中广泛应用。热处理区别于其他加工工艺（如铸造、压力加工等）的特点是只通过改变工件的内部组织来改变性能，而不改变其外部形貌。热处理工艺只适用于固态下能够发生相变的材料，不发生固态相变的材料不能用热处理进行强化。

根据加热、冷却方式及热处理后钢的组织性能的变化特点，可将热处理工艺分为以下三类。

(1) 普通热处理：退火、正火、淬火和回火。

(2) 表面热处理：表面淬火和化学热处理。

(3) 其他热处理：真空热处理、形变热处理、可控气氛热处理、激光热处理等。

根据零件在生产过程中所处的位置和作用不同，可将热处理分为预备热处理和最终热处理。预备热处理是指为随后的加工（冷拔、冲压、切削）或进一步热处理做准备的热处理；最终热处理是指赋予工件所要求的使用性能的热处理。

机械零件的一般加工工艺路线：毛坯（铸、锻）→预备热处理→机械加工→最终热处理。退火与正火工艺主要用于预备热处理，只有在对工件性能要求不高时才将退火与正火工艺作为最终热处理。

1. 退火

【退火态组织】

将钢加热至适当温度并保温，然后缓慢冷却（通常采用炉冷）的热处理工艺称为退火。退火后钢的组织接近于平衡状态下的组织。退火的主要目的是调整硬度，适当的退火处理可使工件的硬度调整为170～250HB，从而有效地改善其切削加工性能。退火也可以消除残余内应力，防止在后续加工或热处理过程中发生变形和开裂。退火还可以细化晶粒、提高力学性能并为最终热处理做组织准备。退火的种类很多，常用的有完全退火、等温退火、球化退火、扩散退火、去应力退火、再结晶退火等。

完全退火是指将工件加热到 A_{c3} 以上 30～50℃并保温后缓慢冷却的退火工艺。完全退火主要用于亚共析钢，能够使含碳量在中碳钢以上的钢软化，以便切削加工，并消除内应力。

等温退火是指将亚共析钢加热到 A_{c3} 以上 30～50℃，共析钢、过共析钢加热到 A_{c1} 以上 30～50℃，保温后快速冷却到 A_1 以下的某个温度并保温，待相变完成后出炉空冷的处理工艺。等温退火可缩短工件在炉内的停留时间，更适用于孕育期长的合金钢。

球化退火是指将工件加热到 A_{c1} 以上 30～50℃并充分保温后缓慢冷却，从而使珠光体中的渗碳体球状化的退火工艺。球化退火主要用于共析钢和过共析钢，目的在于降低硬度和改善切削加工性能，并为后续热处理做组织准备。

扩散退火又称均匀化退火，是指在略低于固相线的温度下长时间保温的处理工艺。扩散退火能够减轻或消除钢锭、铸件、钢坯化学成分及显微组织偏析，并使其成分均匀化。扩散退火在高合金钢中的应用较普遍，钢的扩散退火温度通常为1100～1200℃，退火时间依工件截面厚度而定。扩散退火具有加热温度高、保温时间长、生产成本高等缺点，且对普通钢件的宏观偏析和夹杂物分布的改善作用较弱。大多数有色金属在扩散退火的加热过程中不发生固态相变。在扩散退火的实际应用过程中，还应考虑奥氏体晶粒粗大化及钢的氧化和脱碳问题。

去应力退火是指冷形变后的金属在低于再结晶温度下加热，以去除内应力，但仍保留冷作硬化效果的热处理，也称低温退火。在实际生产中，去应力退火工艺的应用比上述定义广泛得多。热锻轧、铸造、各种冷变形加工、切削或切割、焊接、热处理甚至机器零部件装配后，在不改变组织状态，保留冷作、热作或表面硬化的条件下，以较低温度加热钢材或机器零部件，以去除内应力，减小变形开裂倾向的工艺，都可称为去应力退火。

再结晶退火是将指经冷形变后的金属加热到再结晶温度以上，保持适当时间，使形变晶粒重新结晶成均匀的等轴晶粒，以消除形变强化和残余应力的热处理工艺。再结晶退火是以恢复和再结晶为基础，为了恢复冷变形纯金属和没有相变的合金的塑性而进行的退火。再结晶退火过程中，恢复和再结晶使内应力消除，显微组织由冷变形的纤维组织转变成较细的晶粒状组织，从而降低了金属的强度、提高了塑性、恢复了塑性变形能力。

2. 正火

正火又称常化，是将工件加热至 A_{c3} 或 A_{ccm} 以上 30～50℃，保温一段时间后，从炉中取出，在空气中喷水、喷雾或吹风冷却的热处理工艺，作用是使晶粒细化和碳化物分布均匀。正火与退火的不同点是正火冷却速度比退火冷却速度快，因而钢正火后的基体组织晶粒要比退火后的基体组织晶粒细一些，同时机械性能有所提高。另外，正火的炉外冷却不需要占用设备，生产率较高，因此生产中尽可能采用正火来代替退火。对于形状复杂的重要锻件，在正火后还需进行高温（550～650℃）回火，以消除正火冷却时产生的应力，提高韧性和塑性。由于正火的冷却速比退火的冷却速度快，因此正火组织比退火组织细，强度和硬度也比退火组织的高。当碳钢的 w_C＜0.6％时，正火后的组织为铁素体＋索氏体；当 w_C≥0.6％时，正火后的组织为索氏体。

对于低碳、中碳的亚共析钢，正火目的与退火目的相同，即调整硬度、细化晶粒、消除残余内应力；对于过共析钢，正火是为了消除网状二次渗碳体，为球化退火做组织准备；对于普通结构件，正火可增加珠光体量并细化晶粒，提高强度、硬度和韧性，作为最终热处理。

从改善切削加工性能的角度考虑，低碳钢宜采用正火；中碳钢既可采用退火，也可采用正火；过共析钢在消除网状渗碳体后宜采用球化退火。

图 2－17 所示为部分退火和正火的加热温度范围。图 2－18 所示为钢的含碳量对热处理后的硬度的影响，阴影部分为合适的切削加工硬度范围。

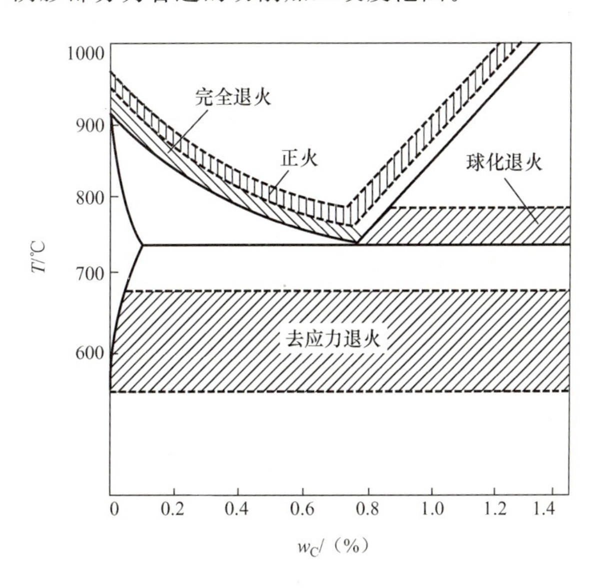

图 2－17　部分退火和正火的加热温度范围

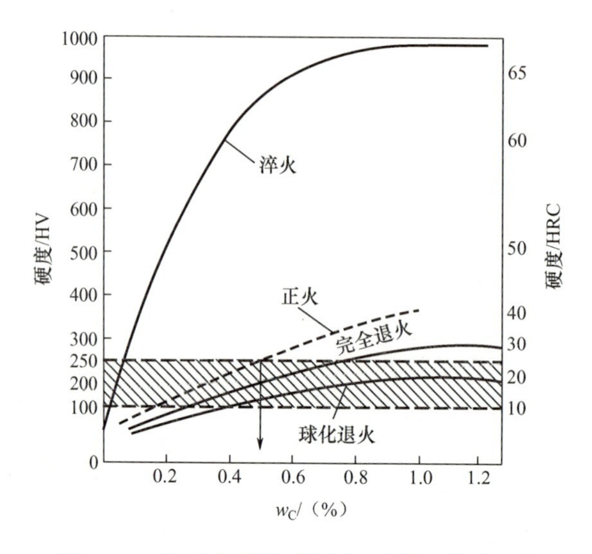

图 2-18　钢的含碳量对热处理后的硬度的影响

3. 淬火

淬火是指将钢加热到临界温度 A_{c3}（亚共析钢）或 A_{c1}（过共析钢）以上并保温一段时间，使之全部或部分奥氏体化，然后以大于临界冷却速度的速度快速冷却到 M_s 以下（或 M_s 附近等温）进行马氏体（或下贝氏体）转变的热处理工艺。淬火是钢最重要的强化方法，也是应用最广的热处理工艺之一。

（1）淬火温度。

淬火温度即钢的奥氏体化温度，是淬火的主要工艺参数之一。碳钢的淬火温度可根据铁碳合金相图选择，碳钢的淬火温度范围如图 2-19 所示。对于亚共析钢，淬火温度为 A_{c3} 以上 30～50℃。当 $w_C \leqslant 0.5\%$ 时，淬火后的组织为马氏体；当 $w_C > 0.5\%$ 时，淬火后的组织为马氏体＋少量残余奥氏体。图 2-20 所示为 45 钢的正常淬火组织（500×）。亚共析钢在 A_{c1}～A_{c3} 之间加热淬火后的组织为马氏体＋铁素体，由于组织中存在自由铁素体，因此钢的强度和硬度降低，但韧性有所改善，这种淬火称为亚温淬火。如处理得当，亚温淬火也可作为一种强韧化处理方法。图 2-21 所示为 20 钢亚温淬火组织（500×）。

共析钢和过共析钢的淬火温度为 A_{c1} 以上 30～50℃。共析钢淬火后的组织为马氏体＋少量残余奥氏体。而由于过共析钢淬火前经过球化退火，因此淬火后的组织为细马氏体＋颗粒状渗碳体＋少量残余奥氏体。图 2-22 所示为 T12 钢的正常淬火组织（500×）。分散分布的颗粒状渗碳体对钢的硬度和耐磨性有利。如果将过共析钢加热到 Ac_{cm} 以上，则由于奥氏体晶粒粗大、含碳量增加，淬火后的马氏体晶粒也变得粗大且残余奥氏体量增加，使钢的硬度和耐磨性降低，脆性和变形开裂倾向增大。对于合金钢，由于大多数合金元素（Mn、P 除外）有阻碍奥氏体晶粒长大的作用，因此淬火温度比碳钢的高，一般为临界温度以上 50～100℃。

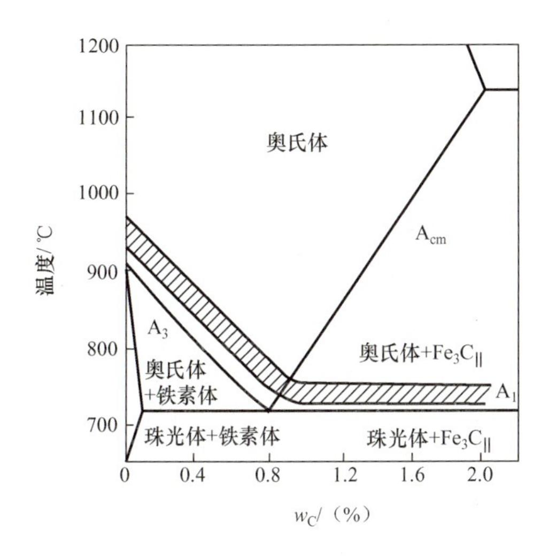

图 2-19　碳钢的淬火温度范围

图 2-20　45 钢的正常淬火组织（500×）

图 2-21　20 钢亚温淬火组织（500×）

图 2-22　T12 钢的正常淬火组织（500×）

（2）淬火介质。

理想淬火介质的冷却曲线（图 2-23）应只在 C 曲线“鼻尖”处快速冷却，而尽量在 M_s 附近缓慢冷却，以达到既获得马氏体组织又减小内应力的目的。常用的淬火介质是水和油。水是经济且冷却能力较强的淬火介质，其缺点是 550～650℃下的冷却能力不够强，而 200～300℃下的冷却能力又太强。因此，工业生产中水主要用于形状简单、截面面积较大的碳钢件的淬火。

油在低温区的冷却能力较理想，但在高温区的冷却能力太弱，因此主要用于合金钢和小尺寸碳钢件的淬火。大尺寸碳钢件油淬时，由于冷却不足会出现珠光体分解。45 钢 850℃的油淬组织（500×）如图 2-24 所示。熔融的碱和盐也常用作淬火介质，称为碱浴或盐浴，其冷却能力介于水和油之间，使用温度多为 150～500℃。这类介质只适用于形状复杂和变形要求严格的小型件的分级淬火和等温淬火。工业上常用的淬火介质还有有机溶剂和盐溶液（如聚乙烯醇、硝盐水溶液等）。

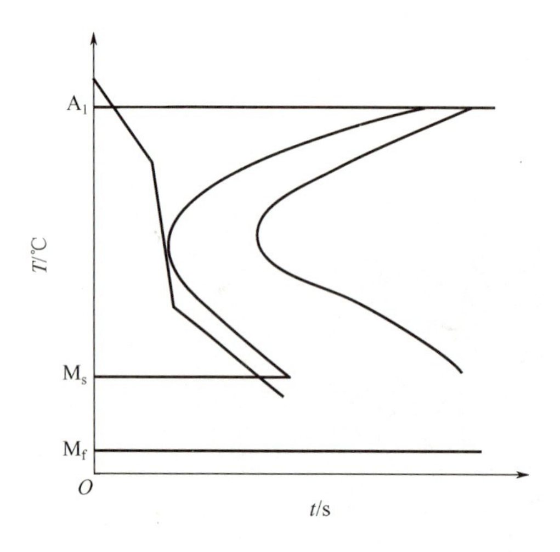

图 2-23　理想淬火介质的冷却曲线

图 2-24　45 钢 850℃的油淬组织（500×）

4. 回火

回火是指将淬火钢加热到 A_1 以下的某个温度并保温后进行冷却的工艺。

（1） 回火的目的。

① 减小或消除淬火内应力，防止工件变形或开裂。

② 获得工艺要求的力学性能。淬火钢一般硬度高、脆性大，借助适当的回火工艺可调整硬度和韧性。

③ 稳定工件尺寸。淬火马氏体和残余奥氏体都是非平衡组织，有自发向平衡组织转变的倾向。回火可使马氏体与残余奥氏体转变为平衡或接近平衡的组织，防止在后期的使用过程中发生变形。

④ 对于某些高淬透性的钢，由于空冷后可立即淬火，若采用退火软化则周期太长，采用回火软化则既能降低硬度又能缩短软化周期。

对未经淬火的钢回火是没有意义的，而通常淬火钢不经回火不能直接使用。为避免淬火件在放置过程中变形或开裂，经淬火后应及时回火。

（2） 回火的种类。

根据钢的回火温度范围，可将回火分为以下三类。

① 低温回火。

低温回火的回火温度为 150～250℃。低温回火时，马氏体将分解，析出的 ε-碳化物 (Fe_xC) 使马氏体过饱和度降低。析出的碳化物以细片状分布在马氏体基体上，这种组织称为回火马氏体，用 $M_{回}$ 表示。在金相显微镜下 $M_{回}$ 为黑色，A_r 为白色。图 2-25 所示为 45 钢 860℃水淬+低温回火（回火马氏体）(200×)。马氏体分解后正方度下降，减小了对残余奥氏体的压力，因而残余奥氏体易分解为 ε-碳化物和过饱和铁素体，即转变为 $M_{回}$。

低温回火的目的是在保留淬火后高硬度（一般为 58～64HRC）和高耐磨性的同时，减小内应力、提高韧性，主要用于处理各种工具、模具、轴承及经渗碳和表面淬火的工件。

图 2-25　45 钢 860℃ 水淬+低温回火（回火马氏体）（200×）

② 中温回火。

中温回火的回火温度为 350～500℃。中温回火时，ε-碳化物溶解于铁素体中，同时从铁素体中析出 Fe_3C。350℃时，马氏体中的含碳量已接近铁素体的平衡水平，内应力被大量消除，$M_{回}$ 转变为在保持马氏体形态的铁素体基体上分布的细粒状组织，称为回火屈氏体，用 $T_{回}$ 表示。图 2-26 所示为 45 钢 860℃水淬+中温回火（回火屈氏体）（500×）。回火屈氏体组织具有较高的弹性极限和屈服极限，并具有一定的韧性，硬度一般为 35～45HRC，主要用于制作各类弹簧。

图 2-26　45 钢 860℃ 水淬+中温回火（回火屈氏体）(500×)

③ 高温回火。

高温回火的回火温度为 500～650℃。此时，Fe_3C 聚集长大，铁素体开始由针片状转变为多边形状，这种在多边形铁素体基体上分布颗粒状 Fe_3C 的组织称为回火索氏体，用 $S_{回}$ 表示。图 2-27 所示为调质处理后的 42CrMo（回火索氏体）(500×)。

回火索氏体组织具有良好的综合力学性能，即在保持较高的强度的同时，具有良好的塑性和韧性，硬度一般为 25～35HRC。通常把淬火+高温回火的热处理工艺称为“调质处理”，简称“调质”。由于调质组织中的渗碳体是颗粒状的，正火组织中的渗碳体是片状的，而粒状渗碳体比片状渗碳体更有利于阻碍裂纹扩展，因此调质组织的强度、硬度、塑性及韧性均高于正火组织。调质广泛用于各种重要结构件（如连杆、轴、齿轮等）的处理，也可作为某些要求较高的精密零件、量具等的预备热处理。

图 2－27　调质处理后的 42CrMo（回火索氏体）（500×）

（3）回火脆性。

回火时的组织变化必然伴随着力学性能的变化。总的变化趋势是随回火温度的升高，钢的强度、硬度下降，塑性、韧性增强。图 2－28 所示为淬火钢硬度随回火温度的变化。可以看出，在 200℃以下回火时，由于马氏体中碳化物弥散析出，钢的硬度并不下降，甚至高碳钢硬度略有提高。在 200～300℃回火时，由于高碳钢中的残余奥氏体转变为回火马氏体，硬度再次提高。在 300℃以上回火时，由于渗碳体粗化，马氏体转变为铁素体，硬度直线下降。淬火钢的韧性并不总是随温度的升高而增强，在某些温度范围内回火时，会

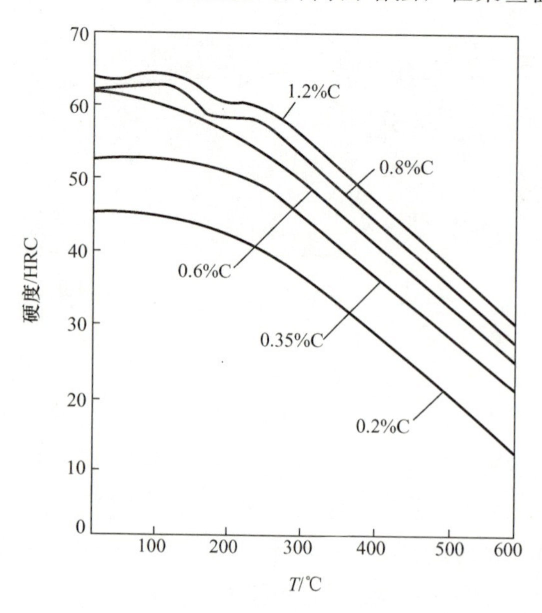

图 2－28　淬火钢硬度随回火温度的变化

出现冲击韧性下降的现象，称为回火脆性。钢的冲击韧性随回火温度的变化如图 2－29 所示。

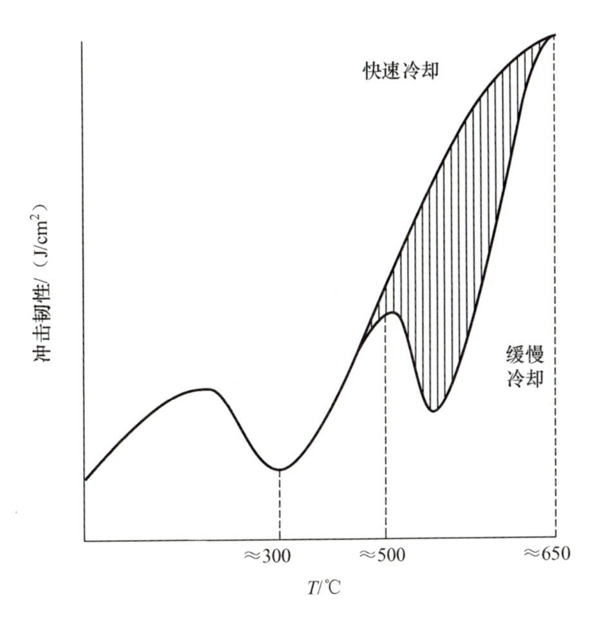

图 2－29　钢的冲击韧性随回火温度的变化

第3部分 金属材料及热处理综合实验

【金属材料及热处理实验】

3.1 金属材料及热处理综合实验介绍

1. 概述

传统的专业课实验教学通常是课程理论教学的辅助，目的是验证所学的理论。实验教学是以教师为中心，由教师给出实验方案，教师动手做实验，学生只是旁观者。这种教学模式使学生在整个实验教学过程中处于被动接受状态，主观能动性和创新性受到严重限制。事实上，理论教学与实验教学的关系不是主从关系，而是辩证统一关系。相对于理论教学而言，实验教学更具有直观性、综合性和创新性，更能激发学生的好奇心和创造力，对提高研究能力、工程实践能力和科技创新能力有不可替代的重要作用。因此，建立适应创新型人才培养的专业课实验教学模式势在必行。

2. 指导思想

随着大学生综合素质教育观念的不断深入、大学生创新能力培养与提高的需要及“新工科”建设在学校的推广，“验证性”热处理实验已不能满足需求。虽然以往的常规实验项目具有部分设计性和开放性的理念，但难以满足高素质综合人才培养的需要。为了培养学生综合运用所学理论知识和实验技能独立分析和解决实际问题的能力，以适应社会对材料人才的需求，我们对金属热处理实验教学进行了改革，将原有的验证性实验转变为金属材料及热处理设计-实践综合性实验。“金属材料及热处理”课程中的具有设计性、开放性的实验教学对培养金属材料工程专业学生的实验设计能力、实践能力、创新能力及团队协作能力等有重要的作用。这种实验教学能够培养学生理论联系实际的思维方式，提高其实践能力，同时增强理论教学效果。

3. 教学目标

(1) 掌握通过热处理的方式改善合金钢性能的方法。
(2) 针对材料研究过程中遇到的实际问题，提出分析思路并探索解决方法。
(3) 培养学生综合运用所学理论知识和实验技能独立分析和解决实际问题的能力。

4. 实施范围

材料科学与工程专业和材料成型及控制工程专业本科生。

5. 教学模式

金属材料及热处理设计-实践综合性实验的综合训练让学生能够运用已学到的材料方面的基本理论知识及基本的实验技能去自主设计常用材料的热处理工艺方案，独立完成热处理实验中的各种热处理操作，进行金相制备和显微组织的观察与分析，完成材料的力学性能测定与分析工作，深入了解热处理工艺、显微组织与力学性能之间的关系，为以后在生产实践中制订合理的热处理工艺方案打下良好的基础。

(1) 实验的设计。

为了培养学生综合运用所学的专业理论知识分析与解决问题的能力、实际操作技能和科技创新的能力，在本实验课程所在学期内，用两周的时间开设了“金属材料及热处理设计-实践综合性实验”课程，实验涉及的实验室对学生全天开放，有专门的助管和教师负责实验室安全问题。本实验要求学生运用已学的材料科学基础、金属材料学、金属材料及热处理、机械设计基础等理论知识，参考有关文献资料，对给定的不同工况条件下使用的各金属材料（如20钢、35钢、45钢、T8钢、灰铸铁、球墨铸铁等）进行分析，以使用工况和各种性能要求（指标）为依据，正确检验、选用材料，制订合理的热处理工艺方案，进行热处理操作、力学性能测定（以硬度测定为主）、金相制备、金相分析等，检测选材和热处理工艺选择的合理性。图3-1所示为金属材料及热处理设计-实践综合性实验的完成过程。

(2) 实验的实施。

以3～4名同学为一组并选一名同学作为组长，由实验教师帮助学生复习热处理专业知识，包括热处理原理和热处理工艺、金相制备与分析、力学性能测定方法等，各组长合理计划和安排实验时间及实验进度，确保各组学生有条不紊地完成实验任务；每组结合常用机械零件（如轴、齿轮、连杆等）正确地选择材料，并观察、分析选用材料的原始金相组织。查阅资料，制订正确的热处理工艺方案，并掌握热处理后的显微组织形貌及力学性能。如热处理实验及显微组织观察过程中组织出现异常，分析并找出原因，实验中出现各种疑难和技术问题均可咨询实验教师；力学性能测试与实验结果分析；撰写《综合实验报告》，并制作成演讲稿进行答辩，通过指导教师的提问和总结，分析热处理缺陷产生的原因与防止措施。通过评审小组共同评议，选拔出金相制备和热处理操作技能优秀的学生参加同类型国家级学科竞赛；针对实验过程完成出色的小组，将实验过程录制成示范性教学视频，并选取完成较好的实验报告和金相照片装订成册，作为示范性教学材料。

金属材料及热处理设计-实践综合性实验不仅涵盖了钢的热处理原理及热处理工艺，还涉及金相制备、金相分析与表征、力学性能测定、热处理炉操作等实验技术，而且整个

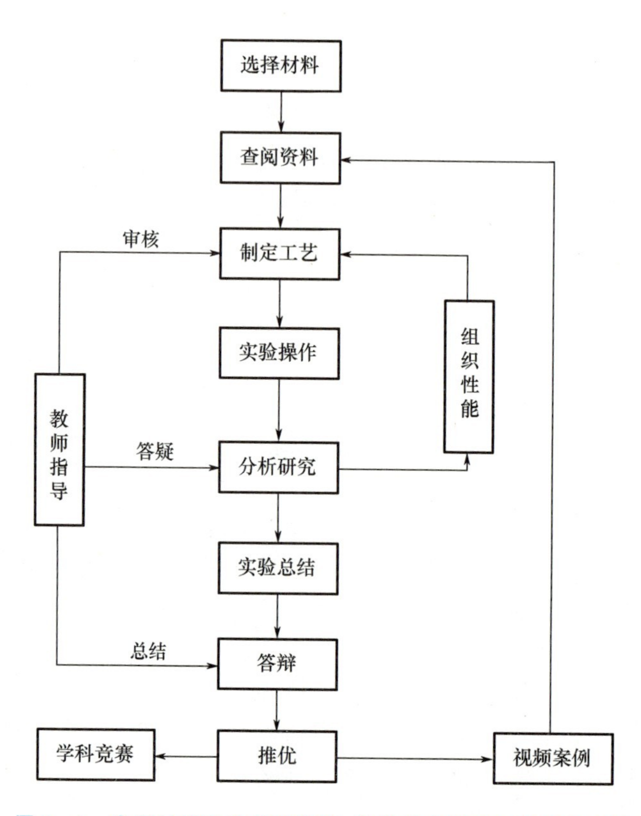

图 3-1　金属材料及热处理设计-实践综合性实验的完成过程

实验需要全组同学齐心协力才能完成。因此，该实验不仅能加深学生对理论知识的理解，还能培养其创新能力、综合运用所学理论知识和实验技能独立分析和解决实际问题的能力、分工合作的团队精神，激发其好奇心和探究意识。

3.2　金属材料及热处理综合实验报告指导

一、实验目的

(1) 学会设计、制订常用碳钢和铸铁的热处理工艺方案。

(2) 掌握常用热处理工艺的操作方法。

(3) 理解碳钢和铸铁组织结构对力学性能的影响。

(4) 掌握金相制备工艺。

(5) 了解金相显微镜的结构、工作原理并掌握使用方法。

(6) 了解洛氏硬度计测定原理及使用方法。

(7) 掌握碳钢和铸铁的热处理综合实验过程。

二、实验内容

金属材料及热处理设计-实践综合性实验是对学生热处理理论知识掌握情况、协作能力、动手能力的全面锻炼与考察，学生能够通过金相观察和硬度分析从教师提供的试样中判断出给定试样的牌号，并以选材的基本性质及常见服役工况为设计背景，制订相应的热处理工艺方案，分析与讨论实验前后的金相组织和力学性能变化。

三、实验步骤

（1）选择实验所用材料，查阅所选材料的化学成分、热处理临界温度，并结合课本所学知识，经过小组讨论，制订该材料的热处理工艺方案。

（2）提交实验方案。

（3）指导教师审核通过实验方案后，学生在指导教师的陪同下进行热处理工艺操作。

（4）对热处理前后试样的组织结构、力学性能进行表征和测定。

（5）实验结果分析与讨论，完成实验报告。

（6）以小组为单位，制作 PPT，进行实验项目验收答辩，每小组答辩时间为 15min，其中实验讲解 5～10min、答辩 5min。

四、实验材料

本实验可提供的材料有 20 钢、35 钢、45 钢、QT400－15、HT150、T8 钢等，各种材料的基本性能与适用范围如下。

（1）20 钢。20 钢属于碳素结构钢，其强度较低，很少淬火，无回火脆性，冷变形塑性高，一般用于弯曲、压延、弯边和锤拱等加工，切削加工性、冷拔或正火状态较退火状态的好，通常用于制造受力不大而韧性要求高的零件，如杠杆轴、变速箱变速叉、齿轮、重型机械拉杆、钩环等。20 钢含碳量较低，淬火后表面硬度值不是很高，为 360～400HBS。所用的热处理一般为化学热处理，如渗碳淬火等，一般不会直接淬火。20 钢渗碳淬火回火后的硬度为 43～48HRC。

（2）35 钢。35 钢属于优质碳素结构钢，具有良好的塑性和适当的强度，工艺性能较好，焊接性能尚可，大多在正火状态和调质状态下使用。35 钢广泛用于制造各种锻件和热压件、冷拉和顶锻钢材、无缝钢管、机械制造中的零件（如曲轴、转轴、轴销、杠杆、连杆、横梁、套筒、轮圈、垫圈、螺钉、螺母、摩托车架等）。

（3）45 钢。45 钢属于优质碳素结构钢，其含碳量高于 20 钢的含碳量，硬度不高，易切削加工。45 钢经调质处理后具有良好的综合机械性能，广泛应用于各种重要的零件，特别是在交变负荷下工作的连杆、螺栓、齿轮及轴类等。45 钢经过调质处理（或正火）后具备较好的切削性能及较高的强度和韧性，淬火后表面硬度可达 45～52HRC。

（4）QT400－15。球墨铸铁是 20 世纪 50 年代发展起来的一种高强度铸铁材料，其综合机械性能接近钢，已成功用于铸造一些受力复杂，强度、韧性、耐磨性要求较高的零件。球墨铸铁已迅速发展为仅次于灰铸铁、应用十分广泛的铸铁材料。球墨铸铁经球化和孕育处理后得到球状石墨，有效地提高了机械性能，特别是塑性和韧性，从而得到比碳钢还高的强度。球墨铸铁的牌号通常用“QT＋数值 A－数值 B”表示，后两组数值表示最低抗拉强度极限和延伸率。球墨铸铁常用于生产受力复杂，强度、韧性、耐磨性等要求较高的零件，如汽车、拖拉机、内燃机等的曲轴、凸轮轴及通用机械的中压阀门等。

（5）HT150。灰铸铁是价格便宜、应用最广泛的铸铁材料，常用于制造各种机器的底座、机架、工作台、机身、齿轮箱箱体、阀体及内燃机的气缸体、气缸盖等。灰铸铁的牌号“HT＋数值”中的“HT”表示“灰铁”，后面的数值表示最低抗拉强度。灰铸铁通常有铁素体、珠光体和铁素体+珠光体三种基体。

（6）T8钢。T8钢是碳素工具钢，也是共析钢，淬火加热时容易过热，变形也大，塑性较差，强度较低，不宜制造承受较大冲击的工具，但热处理后具有较高的硬度与较好的耐磨性，可用于制造切削刃口在工作时升温不明显的工具，如木工用的铣刀、埋头钻。T8钢是常见的淬硬型塑料模具用钢，淬火、回火后有较高的硬度和较好的耐磨性，但热硬性差、淬透性差、易变形、塑性及强度较低。可用于制造需要具有较高硬度和较好的耐磨性的各种工具，如形状简单的模子和冲头、切削金属的打眼工具、木工用的铣刀、埋头钻、斧、凿、纵向手用锯，以及钳工装配工具、铆钉冲模等次要工具。

【热处理相关习题及答案】

【参考网课】

3.3 实验报告模板

金属材料及热处理综合实验

实验报告

院　　部：______________________________________

姓　　名：____________________　学　　号：____________________

专　　业：____________________　班　　级：____________________

同组人员：______________________________________

成　　绩：____________________　教师签名：____________________

目　　录

3.4 实验报告范例

金属材料及热处理综合实验

实验报告

院　　部：＿＿＿＿＿＿＿＿＿＿＿＿＿＿＿＿＿＿＿＿＿＿＿＿

姓　　名：＿＿＿＿＿＿＿＿＿＿＿＿　学　　号：＿＿＿＿＿＿＿＿＿＿＿＿

专　　业：＿＿＿＿＿＿＿＿＿＿＿＿　班　　级：＿＿＿＿＿＿＿＿＿＿＿＿

同组人员：＿＿＿＿＿＿＿＿＿＿＿＿＿＿＿＿＿＿＿＿＿＿＿＿

成　　绩：＿＿＿＿＿＿＿＿＿＿＿＿　教师签名：＿＿＿＿＿＿＿＿＿＿＿＿

目　　录

一、实验的目的和意义

运用所学的理论知识、实验技能及现有的实验设备，通过设计实验方案、小组协作实验并得出实验结果，加深对课堂内容的理解，加强对“金属材料及热处理”课程理论的认识，提高分析问题和解决问题的能力。本实验可使学生掌握金属材料及热处理实验的相关设备，并达到以下学习目的。

（1）借助铁碳合金相图研究铁碳合金在平衡状态下的金相组织。

（2）理解含碳量对铁碳合金金相组织和力学性能的影响，分析成分、组织与性能之间的关系。

（3）熟悉热处理工艺中的“四把火”，能够掌握碳钢热处理工艺的基本操作。

（4）研究加热温度、冷却速度和回火温度对碳钢性能的影响。

（5）熟练制备金相试样，观察热处理前后钢的金相组织变化。

（6）了解常用硬度计的原理，掌握硬度计的使用方法。

二、实验材料及实验设备

（1）金相显微镜、预磨机、抛光机、高温马弗炉、洛氏硬度计、砂轮切割机等。

（2）金相砂纸、水砂纸、抛光布、研磨膏等。

（3）三种形状和尺寸基本相同的退火态碳钢试样（低碳钢 20 钢、中碳钢 45 钢、高碳钢 T8 钢）。

三、实验内容

（1）通过硬度法和金相法区分三种形状和尺寸基本相同的试样，三种试样分别是退火态 20 钢、退火态 45 钢和退火态 T8 钢。

（2）小组讨论后，针对三种试样设计不同的热处理工艺（包括加热温度、保温时间和冷却方式）。本实验中三种试样相应的热处理工艺见表 1。

表 1　三种试样相应的热处理工艺

试　　样	加热温度	保温时间	冷却方式
退火态 20 钢	900℃淬火	淬火保温 20min	水冷
退火态 45 钢	860℃淬火，550℃高温回火	淬火保温 20min， 高温回火保温 20min	水冷
退火态 T8 钢	加热温度为 900℃， 等温温度为 320℃	等温 25min	空冷

（3）对热处理后的三种试样进行金相组织观察和硬度测定。

（4）根据实验结果，分析热处理工艺对三种试样的组织与性能的影响。

四、实验步骤

（1）观察初始试样的平衡组织并进行硬度测定。

① 制备金相试样（包括磨制、抛光和腐蚀）。

② 观察并拍摄金相组织形貌。

③ 测定硬度。

（2）分别对试样进行热处理。

（3）观察热处理后的金相组织并进行硬度测定。

① 制备金相试样（包括磨制、抛光和腐蚀）。

② 观察并拍摄金相组织形貌。

（4）分别分析热处理前后试样的金相组织性能，完成实验报告。

五、实验结果分析与讨论

（1）初始试样。

退火态 20 钢、退火态 45 钢和退火态 T8 钢的金相组织形貌分别如图 1 至图 3 所示。三种试样在退火状态下的金相组织形貌和硬度差异见表 2，根据退火态 20 钢、退火态 45 钢和退火态 T8 钢的组织特征，分别对三种试样进行硬度测定（测定条件按照试样的硬度特征分别选择 HRB、HRC 或 HB）。退火态 20 钢的 HBS 值为 140，由图 1 可见退火态 20 钢的基体组织为铁素体＋珠光体。因低碳钢含碳量较低，其金相组织中铁素体含量明显高于珠光体含量，金相组织中反映出黑色网络状的铁素体晶界。退火态 45 钢的基体组织同样由铁素体和珠光体构成，如图 2 所示。与退火态 20 钢相比，随着含碳量升高，45 钢金相组织中的珠光体含量明显升高，且较慢的冷却速度导致 45 钢中珠光体以层片状较粗的珠光体为主。图 3 所示的退火态 T8 钢的基体组织以珠光体和二次渗碳体为主，指纹状的珠光体是过冷奥氏体共析反应的产物，除了珠光体中亮白色的一次渗碳体之外，在试样表面还能看到颗粒较小的二次渗碳体，与一次渗碳体主要由液相析出不同的是，二次渗碳体主要由奥氏体析出。

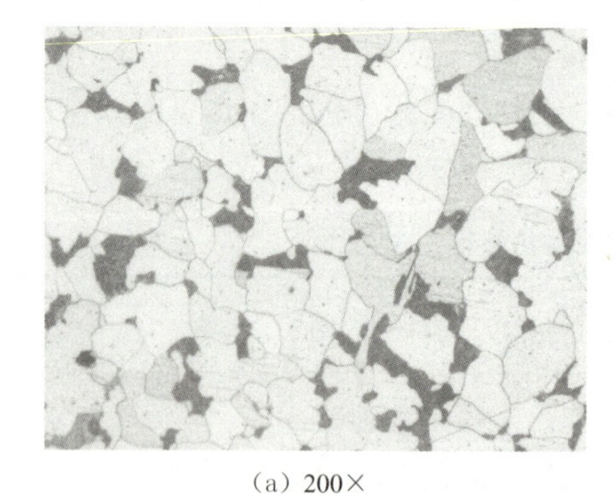

（a）200×　　（b）500×

图 1　退火态 20 钢的金相组织形貌

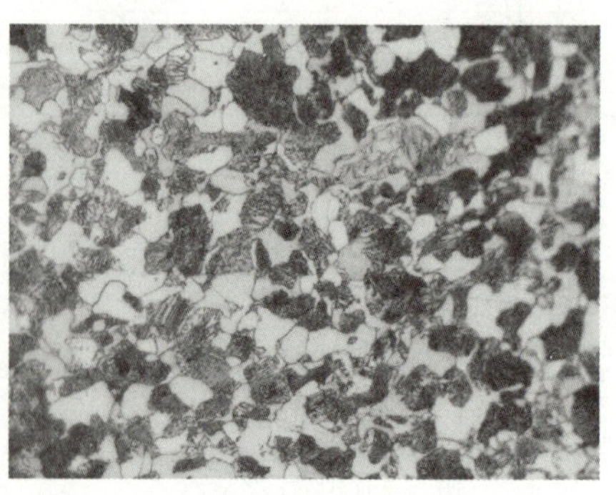

（a）200×　　（b）500×

图 2　退火态 45 钢的金相组织形貌

(a) 200×

(b) 500×

图 3 退火态 T8 钢的金相组织形貌

表 2 三种试样在退火状态下的金相组织形貌和硬度差异

样　品	金相组织形貌	硬度/HBS	性能	应　　用
退火态 20 钢	铁素体+珠光体，白色颗粒为铁素体，黑色块状为珠光体	140	冲压性与焊接性良好	冲压件及焊接件，经过热处理（如渗碳）后可以制造轴、销等零件
退火态 45 钢	铁素体+珠光体，灰黑色区域为细片状及粗片状珠光体，沿晶界析出的白色条状为铁素体	185	经热处理后可获得良好的综合机械性能	齿轮、轴类、套筒等
退火态 T8 钢	珠光体+二次渗碳体	220	硬度高，韧性适中	钻头、刨刀、丝锥、手锯条等刃具及冷作模具等

(2) 热处理后的试样。

20 钢实验人员：　　　　　　；学号：　　　　　　；班级：

20 钢属于优质低碳碳素钢，其含碳量为 0.2%左右。该钢强度低，韧性、塑性和焊接性均好，抗拉强度为 253～500MPa，伸长率≥24%。20 钢适用于制造汽车、拖拉机及一般机械制造业中不太重要的中小型渗碳和碳氮共渗零件，如汽车上的手刹蹄片、杠杆轴、变速箱速叉、传动被动齿轮及拖拉机上的凸轮轴、悬挂均衡器轴、均衡器内外衬套等；在热轧或正火状态下用于制造受力不大而韧性高的机械零件；在重、中型机械制造业中用于制造锻制或压制的拉杆、钩环、杠杆、套筒、夹具等。在汽轮机和锅炉制造业中多用于制造压强≤6Pa、温度≤450℃的非腐化介质中工作的管子、法兰、联箱及紧固件；在铁路、机车上用于制造十字头、活塞等铸件。20 钢的化学成分见表 3。我国大陆地区 GB/JB 的标准钢号是 20，台湾地区 CNS 的标准钢号是 S20C；德国 DIN 标准材料编号是 1.0402，标准钢号是 CK22/C22；英国 BS 标准钢号是 IC22；法国 AFNOR 标准钢号是 CC20，NF 标准钢号是 C22；意大利 UNI 标准钢号是 C20/C21；比利时 NBN 标准钢号是 C25-1；瑞典 SS 标准钢号是 1450；西班牙 UNE 标准钢号是 F.112；美国 AISI/SAE 标准钢号是 1020；日本 JIS 标准钢号是 S20C/S22C。正火可促进 20 钢球化，细化大块状共析铁素体，改进硬度小于 160HBS 的毛坯的切削性能。20 钢用于制造模具零件时的工艺路线：下料→锻造模坯

→退火→机械粗加工→冷挤压成型→再结晶退火→机械精加工→渗碳→淬火、回火→预磨、抛光→装配。

表3　20钢的化学成分

化学成分	C	Si	Mn	P	S
质量分数/(%)	0.17～0.23	0.17～0.37	0.35～0.65	≤0.035	≤0.035

本实验将20钢加热至900℃，保温30min后进行淬火处理，得到的显微组织为板条状马氏体。图4为20钢经淬火后的金相组织形貌，图中主要以板条状马氏体为主，尺寸大致相同的条状马氏体定向平行排列。不同马氏体束之间位向差较大，因为一个奥氏体晶粒内可以形成多个不同取向的马氏体束。马氏体束呈现出比较明显的黑白色差，因为低碳钢的 M_s 点高，先形成的马氏体束受自回火程度大而呈黑色，后形成的马氏体受自回火程度小而呈白色。

(a) 200×　　(b) 500×

图4　20钢经淬火后的金相组织形貌

45钢实验人员：　　　　　；学号：　　　　　；班级：

45钢是优质的中碳结构钢，冷热加工性能及切削性能良好，强度、硬度比低碳钢的高，可不经热处理而直接使用热轧材、冷拉材，亦可进行各种热处理。淬火、回火后的中碳钢具有良好的力学性能，不仅可以作为结构钢，还可以在要求不高的情况下作为工具钢。所以在制造中等强度水平的零件时，中碳钢应用最广泛，除作为建筑材料外，还大量用于制造各种机械零件。但在实际生产中，仍会出现许多使用不当之处，如果没有充分发挥45钢的性能，可能造成大量浪费，其中最常见的现象是因热处理工艺的制订及操作不合理而引起工件报废。45钢的主要化学成分见表4。

表4　45钢的主要化学成分

化学成分	C	Si	Mn	P	S
质量分数/(%)	0.45	0.29	0.62	0.03	0.02

45钢淬火工艺是将45钢加热到 A_{c3} 以上30～50℃的某个温度并保持一定时间，使之

全部奥氏体化，然后以大于临界冷却速度的速度快速冷却到 M_s 以下（或 M_s 附近等温），进行向马氏体（或贝氏体）转变的热处理工艺。

45 钢淬火的目的是使过冷奥氏体向马氏体转变，得到马氏体组织，然后配以不同温度的回火，以大幅提高其强度、硬度、耐磨性、疲劳强度及韧性等，从而满足各种机械零件和工具的使用要求。淬火能使 45 钢强化的根本原因是相变，即奥氏体组织通过相变成为马氏体组织，从而提高硬度、强度、耐磨性以满足零件的性能要求。

45 钢经 860℃淬火后的金相组织形貌如图 5 所示。经 860℃淬火后，45 钢基体组织主要以中碳马氏体为主。马氏体呈板条状和针叶状混合分布，其中板条状马氏体含量相对较多，针叶状马氏体的针叶两端较圆钝。如图 6 所示，45 钢经 860℃淬火＋550℃回火后的基体组织以回火索氏体为主。由于回火温度较高，渗碳体颗粒较大，因此回火索氏体颗粒比回火屈氏体颗粒粗，然而在普通金相显微镜下难以观测到较细的渗碳体颗粒。

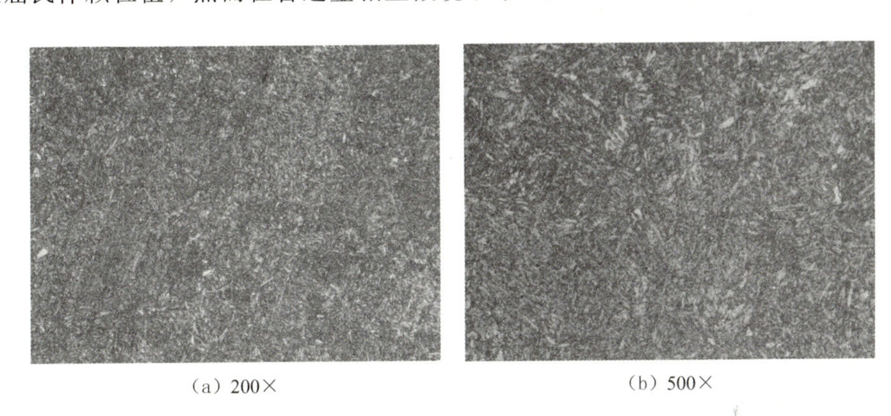

（a）200×　　（b）500×

图 5　45 钢经 860℃淬火后的金相组织形貌

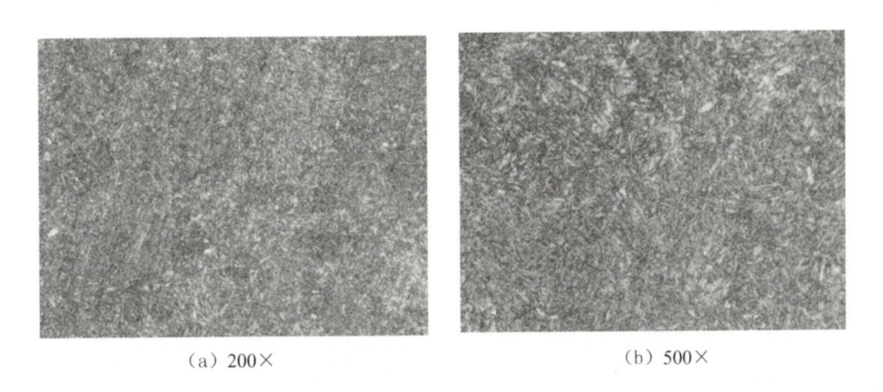

（a）200×　　（b）500×

图 6　45 钢经 860℃淬火＋550℃回火后的金相组织形貌

当回火温度为 300～500℃时，45 钢的淬火马氏体开始快速分解，碳从过饱和的固溶体中析出，使其转变为铁素体，同时碳化物转变为稳定的细粒状的渗碳体，该组织为铁素体和渗碳体组成的混合物，此时大部分内应力被消除，钢的硬度、强度降低，韧性提高。这种组织就是回火屈氏体，即在回火温度为 300～500℃时钢内形成的细粒状渗碳体均匀分布在铁素体基体上的两相混合物。随着回火温度的升高，渗碳体颗粒不断聚集增大，回火屈氏体中的 α 固溶体恢复为平衡浓度的铁素体，完成了恢复和再结晶的过程，变为多边体。此时固溶体的强化作用消失，钢的强度和硬度进一步降低，塑性和韧性进一步提高，内应力基本被消除，此组织就是在回火温度为500～600℃时形成的回火索氏体。

T8钢实验人员：　　　　　　；学号：　　　　　　；班级：

T8钢是平均含碳量为0.8%的优质碳素工具钢，其含碳量约为0.75%～0.84%。按化学成分分类，T8钢是一种高碳碳素钢；按冶金质量分类，T8钢是一种优质钢；按用途分类，T8钢是一种工具钢。T8钢淬火加热时容易过热，变形也大，塑性和强度比较低，不宜制造承受较大冲击的工具，但经热处理后有较高的硬度和较好的耐磨性。T8钢可用于制作需要具有较高硬度和较好耐磨性的工具，如形状简单的模子和冲头，切削金属的刀具，木工用的铣刀、埋头钻、斧、凿、纵向手用锯，以及钳工装配工具、铆钉冲模等。T8钢的主要化学成分见表5。

表5　T8钢的主要化学成分

成　分	C	Si	Mn	P	S
质量分数/(%)	0.75～0.84	≤0.35	≤0.40	≤0.030	≤0.020

本实验对T8钢采取等温淬火工艺。等温淬火是在淬火过程中，使工件长期保持在下贝氏体转变区，完成奥氏体等温转变以获得下贝氏体的工艺。等温淬火的目的是获得变形小、硬度较高、有良好韧性的工件。等温淬火工艺获得的下贝氏体组织硬度较高且韧性较好，同时由于等温过程中温差较小，材料最终的热应力和组织应力较小。等温温度由钢的C曲线及工件要求的组织性能决定。等温温度越低，硬度越高，但因比容增大，体积变形增大。经过综合考虑，本实验的等温温度选为320℃，盐浴成分为55%的KNO_3＋45%的$NaNO_2$。

T8钢经等温淬火后的金相组织形貌如图7所示，其基体组织由下贝氏体、马氏体和残余奥氏体混合而成。下贝氏体是呈扁片状的过饱和铁素体与分布在铁素体内的短针状渗碳体组成的两相混合物。它比淬火马氏体易受浸蚀，在金相显微镜下呈黑色针状或竹叶状，只有在电子显微镜放大8000×以上后，才能分辨铁素体内部的渗碳体。

(a) 200×

(b) 500×

图7　T8钢经等温淬火后的金相组织形貌

六、实验结论

（1）三种试样在退火状态下的金相组织、性能及应用见表6。

表6 三种试样在退火状态下的金相组织、性能及应用

样品	金相组织形貌	性能	应用
退火态20钢	白色颗粒为铁素体，黑色块状为珠光体	冲压性与焊接性良好	冲压件及焊接件，经过热处理（如渗碳）后可以制造轴、销等零件
退火态45钢	灰黑色区域为细片状及粗片状珠光体，沿晶界析出的白色条状为铁素体	经热处理后可获得良好的综合机械性能	齿轮、轴类、套筒等
退火态T8钢	珠光体＋二次渗碳体	硬度高，韧性适中	钻头、刨刀、丝锥、手锯条等刃具及冷作模具等

20钢（含碳量为0.17%～0.23%）是亚共析钢。在完全退火状态下得到的组织是铁素体＋珠光体。

45钢（含碳量为0.42%～0.50%）是亚共析钢。在完全退火状态下得到的组织与20钢的相同，随着含碳量的增加，钢的硬度增大，所以45钢的硬度高于20钢的硬度。

T8钢（含碳量为0.75%～0.84%）是过共析钢。退火后得到的组织为珠光体＋二次渗碳体，其硬度较退火前有所降低，但是塑性和韧性均增强。T8钢的硬度还是高于亚共析钢（20钢、45钢）的。

对以上内容进行分析总结可知：随着碳钢含碳量的增加，其组织的变化过程为铁素体＋珠光体（亚共析钢）→珠光体＋二次渗碳体（过共析钢）。硬度增大，塑性降低。亚共析钢的强度随含碳量的增加而增大；过共析钢的强度随含碳量的增加而减小。低碳钢可用来制造桥梁、机械、建筑物的构件；高碳钢可用来制造量具、刀具等。

（2）三种试样热处理前后的金相组织和硬度见表7。

表7 三种试样热处理前后的金相组织和硬度

试样		金相组织	硬度
退火态20钢	热处理前	铁素体＋珠光体	140HBS
	热处理后	板条状马氏体＋残余奥氏体	34HRC
退火态45钢	热处理前	铁素体＋珠光体	185HBS
	热处理后	回火索氏体	20HRC
退火态T8钢	热处理前	珠光体＋二次渗碳体	220HBS
	热处理后	下贝氏体＋马氏体＋残余奥氏体	38HRC

由表7可以看出，20钢经淬火后的金相组织由原来的铁素体＋珠光体基体转变为马氏体＋残余奥氏体，试样硬度显著增大。45钢经过淬火和高温回火调质后的金相组织由原来的铁素体＋珠光体转变为回火索氏体，综合机械性能最好，即强度、塑性和韧性都比较

好。T8钢经等温淬火后的金相组织由原来的珠光体+二次渗碳体转变为下贝氏体、马氏体和残余奥氏体的混合组织。经等温淬火处理后，T8钢的淬火应力减小，工件韧性提高，等温淬火后的硬度增大、耐磨性增强。

七、心得体会

通过本次实验，我们熟悉了金属材料及热处理实验室的基本情况；掌握了金属材料及热处理设备的使用方法；学会了在金相显微镜下观察和分析铁碳合金在平衡状态下的金相组织；同时了解了铁碳合金中的相与组织组成物的本质、形态及分布特征。

本次实验极大地锻炼了我们的动手能力。本次实验中的最大问题是我们组的成员进行抛光时技术不够娴熟，在抛光过程中出现了各种问题，但是我们并没有放弃。将做好的试样拿到金相显微镜下观察，发现效果不够好，于是我们立即返工，体现了我们严谨的态度，我想这样的精神必将伴随我们一生。

八、参考文献

崔忠圻，覃耀春，2007. 金属学与热处理 [M]. 北京：机械工业出版社.

戴起勋，2005. 金属材料学 [M]. 北京：化学工业出版社.

董瀚，2008. 钢铁材料基础研究的评述 [J]. 钢铁 (10)：32-34.

胡德林，1984. 金属学原理 [M]. 西安：西北工业大学出版社.

胡军强，蒋毅，胡黎宁，等，2003. 优质碳素钢 50、55、60 的试制 [J]. 炼钢，19 (3)：10-14.

黄锐，吕佐明，黄鹭，2002. 45 号钢的正火工艺 [J]. 南方金属，8 (129)：20-24.

刘智恩，2007. 材料科学基础 [M]. 3 版. 西安：西北工业大学出版社.

史美堂，1980. 金属材料及热处理 [M]. 上海：上海科学技术出版社.

王斌武，周晓艳，2006. 浅谈金属零件的设计、切削加工及热处理的关系 [J]. 桂林航天工业高等专科学校学报，6 (4)：15-18.

王从曾，2001. 材料性能学 [M]. 北京：北京工业大学出版社.

参 考 文 献

崔忠圻，覃耀春，2007. 金属学与热处理 [M]. 北京：机械工业出版社 .

戴起勋，2005. 金属材料学 [M]. 北京：化学工业出版社 .

邓至谦，周善初，等，1989. 金属材料及热处理 [M]. 长沙：中南工业大学出版社 .

董世柱，徐维良，2009. 结构钢及其热处理 [M]. 沈阳：辽宁科学技术出版社 .

胡德林，1995. 金属学原理 [M]. 西安：西北工业大学出版社 .

刘毅，1996. 金属学与热处理 [M]. 北京：冶金工业出版社 .

刘智恩，2000. 材料科学基础 [M]. 西安：西北工业大学出版社 .

吕利太，1982. 淬火介质 [M]. 北京：中国农业机械出版社 .

诺维柯夫，1987. 金属热处理理论 [M]. 王子祐，译 . 北京：机械工业出版社 .

戚正风，1987. 金属热处理原理 [M]. 北京：机械工业出版社 .

史美堂，1980. 金属材料及热处理 [M]. 上海：上海科学技术出版社 .

王从曾，2001. 材料性能学 [M]. 北京：北京工业大学出版社 .

王运迪，1981. 淬火介质 [M]. 上海：上海科学技术出版社 .

夏立芳，2007. 金属热处理工艺学 [M]. 哈尔滨：哈尔滨工业大学出版社 .

杨淑范，陈守介，1990. 淬火介质 [M]. 北京：机械工业出版社 .

赵昌盛，2010. 不锈钢的应用及热处理 [M]. 北京：机械工业出版社 .

中国机械工程学会热处理学会，1991. 热处理手册 [M]. 2 版 1 卷 . 北京：机械工业出版社 .

附录 1

压痕直径与布氏硬度值对照表

压头直径 *D*/mm				实验力-压头直径平方之比 0.102×*F*/*D*²/(N/mm²)					
				30	**15**	**10**	**5.0**	**2.5**	**1.0**
				实验力 *F*/N					
10				29 420	14 710	9 807	4 903	2 452	980.7
	5			7 355	—	2 452	1 226	612.9	245.2
		2.5		1 839	—	612.9	306.5	153.2	61.29
			1	294	—	98.07	49.03	24.52	9.807
压痕平均直径 *d*/mm				布氏硬度/HBW					
2.40	1.200	0.6000	0.240	653	327	218	109	54.5	21.8
2.41	1.205	0.6024	0.241	648	324	216	108	54.0	21.6
2.42	1.210	0.6050	0.242	643	321	214	107	53.5	21.4
2.43	1.215	0.6075	0.243	637	319	212	106	53.1	21.2
2.44	1.220	0.6100	0.244	632	318	211	105	52.7	21.1
2.45	1.225	0.6125	0.245	627	316	209	104	52.2	20.9
2.46	1.230	0.6150	0.246	621	311	207	104	51.8	20.7
2.47	1.235	0.6175	0.247	616	308	205	103	51.4	20.5
2.48	1.240	0.6200	0.248	611	306	204	102	50.9	20.4
2.49	1.245	0.6225	0.249	606	303	202	101	50.5	20.2
2.50	1.250	0.6250	0.250	601	301	200	100	50.1	20.0
2.51	1.255	0.6275	0.251	597	298	199	99.4	49.7	19.9

续表

压头直径 D/mm				实验力-压头直径平方之比 0.102×F/D²/(N/mm²)					
				30	15	10	5.0	2.5	1.0
				实验力 F/N					
10				29 420	14 710	9 807	4 903	2 452	980.7
	5			7 355	—	2 452	1 226	612.9	245.2
		2.5		1 839	—	612.9	306.5	153.2	61.29
			1	294	—	98.07	49.03	24.52	9.807
压痕平均直径 d/mm				布氏硬度/HBW					
2.52	1.260	0.6300	0.252	592	296	197	98.6	49.3	19.7
2.53	1.265	0.6325	0.253	587	294	196	97.8	48.9	19.6
2.54	1.270	0.6350	0.254	582	291	194	97.1	48.5	19.4
2.55	1.275	0.6375	0.255	578	289	193	96.3	48.1	19.3
2.56	1.280	0.6400	0.256	578	287	191	95.5	47.8	19.1
2.57	1.285	0.6425	0.257	569	284	190	94.8	47.4	19.0
2.58	1.290	0.6450	0.258	564	282	188	94.0	47.0	18.8
2.59	1.295	0.6475	0.259	560	280	187	93.3	46.6	18.7
2.60	1.300	0.6500	0.260	555	278	185	92.6	46.3	18.5
2.61	1.305	0.6525	0.261	551	276	184	91.8	45.9	18.4
2.62	1.310	0.6550	0.262	547	273	182	91.1	45.6	18.2
2.63	1.315	0.6575	0.263	543	271	181	90.4	45.2	18.1
2.64	1.320	0.6600	0.264	538	269	179	89.7	44.9	17.9
2.65	1.325	0.6625	0.265	534	267	178	89.0	44.5	17.8
2.66	1.330	0.6650	0.266	530	265	177	88.4	44.2	17.7
2.67	1.335	0.6675	0.267	526	263	175	87.7	43.8	17.5
2.68	1.340	0.6700	0.268	522	261	174	87.0	43.5	17.4
2.69	1.345	0.6725	0.269	518	259	173	86.4	43.2	17.3
2.70	1.350	0.6750	0.270	514	257	171	85.7	42.9	17.1
2.71	1.355	0.6775	0.271	510	255	170	85.1	42.5	17.0
2.72	1.360	0.6800	0.272	507	253	169	84.4	42.2	16.9
2.73	1.365	0.6825	0.273	503	251	168	83.8	41.9	16.8
2.74	1.370	0.6850	0.274	499	250	166	83.2	41.6	16.6
2.75	1.375	0.6875	0.275	495	248	165	82.6	41.3	16.5

续表

压头直径 D/mm				实验力-压头直径平方之比 $0.102\times F/D^2/(N/mm^2)$					
				30	15	10	5.0	2.5	1.0
				实验力 F/N					
10				29 420	14 710	9 807	4 903	2 452	980.7
	5			7 355	—	2 452	1 226	612.9	245.2
		2.5		1 839	—	612.9	306.5	153.2	61.29
			1	294	—	98.07	49.03	24.52	9.807
压痕平均直径 d/mm				布氏硬度/HBW					
2.76	1.380	0.6900	0.276	492	246	164	81.9	41.0	16.4
2.77	1.385	0.6925	0.277	488	244	163	81.3	40.7	16.3
2.78	1.390	0.6950	0.278	485	242	162	80.8	40.4	16.2
2.79	1.395	0.6975	0.279	481	240	160	80.2	40.1	16.0
2.80	1.400	0.7000	0.280	477	239	159	79.6	39.8	15.9
2.81	1.405	0.7025	0.281	474	237	158	79.0	39.5	15.8
2.82	1.410	0.7050	0.282	471	235	157	78.4	39.2	15.7
2.83	1.415	0.7075	0.283	467	234	156	77.9	38.9	15.6
2.84	1.420	0.7100	0.284	464	232	155	77.3	38.7	15.5
2.85	1.425	0.7125	0.285	461	230	154	76.8	38.4	15.4
2.86	1.430	0.7150	0.286	457	229	152	76.2	38.1	15.2
2.87	1.435	0.7175	0.287	454	227	151	75.7	37.8	15.1
2.88	1.440	0.7200	0.288	451	225	150	75.1	37.6	15.0
2.89	1.445	0.7225	0.289	448	224	149	74.6	37.3	14.9
2.90	1.450	0.7250	0.290	444	222	148	74.1	37.0	14.8
2.91	1.455	0.7275	0.291	441	221	147	73.6	36.8	14.7
2.92	1.460	0.7300	0.292	438	219	146	73.0	36.5	14.6
2.93	1.465	0.7325	0.293	435	218	145	72.5	36.3	14.5
2.94	1.470	0.7350	0.294	432	216	144	72.0	36.0	14.4
2.95	1.475	0.7375	0.295	429	215	143	71.5	35.8	14.3
2.96	1.480	0.7400	0.296	426	213	142	71.0	35.5	14.2
2.97	1.485	0.7425	0.297	423	212	141	70.5	35.3	14.1
2.98	1.490	0.7450	0.298	420	210	140	70.1	35.0	14.0
2.99	1.495	0.7475	0.299	417	209	139	69.6	34.8	13.9

续表

压头直径 D/mm				实验力-压头直径平方之比 $0.102\times F/D^2$/(N/mm²)					
				30	**15**	**10**	**5.0**	**2.5**	**1.0**
				实验力 F/N					
10				29 420	14 710	9 807	4 903	2 452	980.7
	5			7 355	—	2 452	1 226	612.9	245.2
		2.5		1 839	—	612.9	306.5	153.2	61.29
			1	294	—	98.07	49.03	24.52	9.807
压痕平均直径 d/mm				布氏硬度/HBW					
3.00	1.500	0.7500	0.300	415	207	138	69.1	34.6	13.8
3.01	1.505	0.7525	0.301	412	206	137	68.6	34.3	13.7
3.02	1.510	0.7550	0.302	409	205	136	68.2	34.1	13.6
3.03	1.515	0.7575	0.303	406	203	135	67.7	33.9	13.5
3.04	1.520	0.7600	0.304	404	202	135	67.3	33.6	13.5
3.05	1.525	0.7625	0.305	401	200	134	66.8	33.4	13.4
3.06	1.530	0.7650	0.306	398	199	133	66.4	33.2	13.3
3.07	1.535	0.7675	0.307	395	198	132	65.9	33.0	13.2
3.08	1.540	0.7700	0.308	393	196	131	65.5	32.7	13.1
3.09	1.545	0.7725	0.309	390	195	130	65.0	32.5	13.0
3.10	1.550	0.7750	0.310	388	194	129	64.6	32.3	12.9
3.11	1.555	0.7775	0.311	385	193	128	64.2	32.1	12.8
3.12	1.560	0.7800	0.312	383	191	128	63.8	31.9	12.8
3.13	1.565	0.7825	0.313	380	190	127	63.3	31.7	12.7
3.14	1.570	0.7850	0.314	378	189	126	62.9	31.5	12.6
3.15	1.575	0.7875	0.315	375	188	125	62.5	31.3	12.5
3.16	1.580	0.7900	0.316	373	186	124	62.1	31.1	12.4
3.17	1.585	0.7925	0.317	370	185	123	61.7	30.9	12.3
3.18	1.590	0.7950	0.318	368	184	123	61.3	30.7	12.3
3.19	1.595	0.7975	0.319	366	183	122	60.9	30.5	12.2
3.20	1.600	0.8000	0.320	363	182	121	60.5	30.3	12.1
3.21	1.605	0.8025	0.321	361	180	120	60.1	30.1	12.0
3.22	1.610	0.8050	0.322	359	179	120	59.8	29.9	12.0
3.23	1.615	0.8075	0.323	356	178	119	59.4	29.7	11.9

续表

压头直径 D/mm				实验力-压头直径平方之比 $0.102\times F/D^2$/(N/mm²)					
				30	15	10	5.0	2.5	1.0
				实验力 F/N					
10				29 420	14 710	9 807	4 903	2 452	980.7
	5			7 355	—	2 452	1 226	612.9	245.2
		2.5		1 839	—	612.9	306.5	153.2	61.29
			1	294	—	98.07	49.03	24.52	9.807
压痕平均直径 d/mm				布氏硬度/HBW					
3.24	1.620	0.8100	0.324	354	177	118	59.0	29.5	11.8
3.25	1.625	0.8125	0.325	352	176	117	58.6	29.3	11.7
3.26	1.630	0.8150	0.326	350	175	117	58.3	29.1	11.7
3.27	1.635	0.8175	0.327	347	174	116	57.9	29.0	11.6
3.28	1.640	0.8200	0.328	345	173	115	57.5	28.8	11.5
3.29	1.645	0.8225	0.329	343	172	114	57.2	28.6	11.4
3.30	1.650	0.8250	0.330	341	170	114	56.8	28.4	11.4
3.31	1.655	0.8275	0.331	339	169	113	56.5	28.2	11.3
3.32	1.660	0.8300	0.332	337	168	112	56.1	28.1	11.2
3.33	1.665	0.8325	0.333	335	167	112	55.8	27.9	11.2
3.34	1.670	0.8350	0.334	333	166	111	55.4	27.7	11.1
3.35	1.675	0.8375	0.335	331	165	110	55.1	27.5	11.0
3.36	1.680	0.8400	0.336	329	164	110	54.8	27.4	11.0
3.37	1.685	0.8425	0.337	326	163	109	54.4	27.2	10.9
3.38	1.690	0.8450	0.338	325	162	108	54.1	27.0	10.8
3.39	1.695	0.8475	0.339	323	161	108	53.8	26.9	10.8
3.40	1.700	0.8500	0.340	321	160	107	53.4	26.7	10.7
3.41	1.705	0.8525	0.341	319	159	106	53.1	26.6	10.6
3.42	1.710	0.8550	0.342	317	158	106	52.8	26.4	10.6
3.43	1.715	0.8575	0.343	315	157	105	52.5	26.2	10.5
3.44	1.720	0.8600	0.344	313	156	104	52.2	26.1	10.4
3.45	1.725	0.8625	0.345	311	156	104	51.8	25.9	10.4
3.46	1.730	0.8650	0.346	309	155	103	51.5	25.8	10.3
3.47	1.735	0.8675	0.347	307	154	102	51.2	25.6	10.2

续表

压头直径 D/mm				实验力-压头直径平方之比 0.102×F/D^2/(N/mm²)					
				30	15	10	5.0	2.5	1.0
				实验力 F/N					
10				29 420	14 710	9 807	4 903	2 452	980.7
	5			7 355	—	2 452	1 226	612.9	245.2
		2.5		1 839	—	612.9	306.5	153.2	61.29
			1	294	—	98.07	49.03	24.52	9.807
压痕平均直径 d/mm				布氏硬度/HBW					
3.48	1.740	0.8700	0.348	306	153	102	50.9	25.5	10.2
3.49	1.745	0.8725	0.349	304	152	101	50.6	25.3	10.1
3.50	1.750	0.8750	0.350	302	151	101	50.3	25.2	10.1
3.51	1.755	0.8775	0.351	300	150	100	50.0	25.0	10.0
3.52	1.760	0.8800	0.352	298	149	99.5	49.7	24.9	10.0
3.53	1.765	0.8825	0.353	297	148	98.9	49.4	24.7	9.89
3.54	1.770	0.8850	0.354	295	147	98.3	49.2	24.6	9.83
3.55	1.775	0.8875	0.355	293	147	97.7	48.9	24.4	9.77
3.56	1.780	0.8900	0.356	292	146	97.2	48.6	24.3	9.72
3.57	1.785	0.8925	0.357	290	145	96.6	48.3	24.2	9.66
3.58	1.790	0.8950	0.358	288	144	96.1	48.0	24.0	9.61
3.59	1.795	0.8975	0.359	286	143	95.5	47.7	23.9	9.55
3.60	1.800	0.9000	0.360	285	142	95.0	47.5	23.7	9.50
3.61	1.805	0.9025	0.361	283	142	94.4	47.2	23.6	9.44
3.62	1.810	0.9050	0.362	282	141	93.9	46.9	23.5	9.39
3.63	1.815	0.9075	0.363	280	140	93.3	46.7	23.3	9.33
3.64	1.820	0.9100	0.364	278	139	92.8	46.4	23.2	9.28
3.65	1.825	0.9125	0.365	277	138	92.3	46.1	23.1	9.23
3.66	1.830	0.9150	0.366	275	138	91.8	45.9	22.9	9.18
3.67	1.835	0.9175	0.367	274	137	91.2	45.6	22.8	9.12
3.68	1.840	0.9200	0.368	272	136	90.7	45.4	22.7	9.07
3.69	1.845	0.9225	0.369	271	135	90.2	45.1	22.6	9.02
3.70	1.850	0.9250	0.370	269	135	89.7	44.9	22.4	8.97
3.71	1.855	0.9275	0.371	268	134	89.2	44.6	22.3	8.92

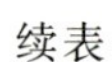
续表

压头直径 D/mm				实验力-压头直径平方之比 $0.102\times F/D^2/(N/mm^2)$					
				30	15	10	5.0	2.5	1.0
				实验力 F/N					
10				29 420	14 710	9 807	4 903	2 452	980.7
	5			7 355	—	2 452	1 226	612.9	245.2
		2.5		1 839	—	612.9	306.5	153.2	61.29
			1	294	—	98.07	49.03	24.52	9.807
压痕平均直径 d/mm				布氏硬度/HBW					
3.72	1.860	0.9300	0.372	266	133	88.7	44.4	22.2	8.87
3.73	1.865	0.9325	0.373	265	132	88.2	44.1	22.1	8.82
3.74	1.870	0.9350	0.374	263	132	87.7	43.9	21.9	8.77
3.75	1.875	0.9375	0.375	262	131	87.2	43.6	21.8	8.72
3.76	1.880	0.9400	0.376	260	130	86.8	43.4	21.7	8.68
3.77	1.885	0.9425	0.377	259	129	86.3	43.1	21.6	8.63
3.78	1.890	0.9450	0.378	257	129	85.8	42.9	21.5	8.58
3.79	1.895	0.9475	0.379	256	128	85.3	42.7	21.3	8.53
3.80	1.900	0.9500	0.380	255	127	84.9	42.4	21.2	8.49
3.81	1.905	0.9525	0.381	253	127	84.4	42.2	21.1	8.44
3.82	1.910	0.9550	0.382	252	126	83.9	42.0	21.0	8.39
3.83	1.915	0.9575	0.383	250	125	83.5	41.7	20.9	8.35
3.84	1.920	0.9600	0.384	249	125	83.0	41.5	20.8	8.30
3.85	1.925	0.9625	0.385	248	124	82.6	41.3	20.6	8.26
3.86	1.930	0.9650	0.386	246	123	82.1	41.1	20.5	8.21
3.87	1.935	0.9675	0.387	245	123	81.7	40.9	20.4	8.17
3.88	1.940	0.9700	0.388	244	122	81.3	40.6	20.3	8.13
3.89	1.945	0.9725	0.389	242	121	80.8	40.4	20.2	8.08
3.90	1.950	0.9750	0.390	241	212	80.4	40.2	20.1	8.04
3.91	1.955	0.9775	0.391	240	120	80.0	40.0	20.0	8.00
3.92	1.960	0.9800	0.392	239	119	79.5	39.8	19.9	7.95
3.93	1.965	0.9825	0.393	237	119	79.1	39.6	19.8	7.91
3.94	1.970	0.9850	0.394	236	118	78.7	39.4	19.7	7.87
3.95	1.975	0.9875	0.395	235	117	78.3	39.1	19.6	7.83

续表

压头直径 D/mm				实验力-压头直径平方之比 0.102×F/D^2/(N/mm^2)					
				30	15	10	5.0	2.5	1.0
				实验力 F/N					
10				29 420	14 710	9 807	4 903	2 452	980.7
	5			7 355	—	2 452	1 226	612.9	245.2
		2.5		1 839	—	612.9	306.5	153.2	61.29
			1	294	—	98.07	49.03	24.52	9.807
压痕平均直径 d/mm				布氏硬度/HBW					
3.96	1.980	0.9900	0.396	234	117	77.9	38.9	19.5	7.79
3.97	1.985	0.9925	0.397	232	116	77.5	38.7	19.4	7.75
3.98	1.990	0.9950	0.398	231	116	77.1	38.5	19.3	7.71
3.99	1.995	0.9975	0.399	230	115	76.7	38.3	19.2	7.67
4.00	2.000	1.0000	0.400	229	114	76.3	38.1	19.1	7.63
4.01	2.005	1.0025	0.401	228	114	75.9	37.9	19.0	7.59
4.02	2.010	1.0050	0.402	226	113	75.5	37.7	18.9	7.55
4.03	2.015	1.0075	0.403	225	113	75.1	37.5	18.8	7.51
4.04	2.020	1.0100	0.404	224	112	74.7	37.3	18.7	7.47
4.05	2.025	1.0125	0.405	223	111	74.3	37.1	18.6	7.43
4.06	2.030	1.0150	0.406	222	111	73.9	37.0	18.5	7.39
4.07	2.035	1.0175	0.407	221	110	73.5	36.8	18.4	7.35
4.08	2.040	1.0200	0.408	219	110	73.2	36.6	18.3	7.32
4.09	2.045	1.0225	0.409	218	109	72.8	36.4	18.2	7.28
4.10	2.050	1.0250	0.410	217	109	72.4	36.2	18.1	7.24
4.11	2.055	1.0275	0.411	216	108	72.0	36.0	18.0	7.20
4.12	2.060	1.0300	0.412	215	108	71.7	35.8	17.9	7.17
4.13	2.065	1.0325	0.413	214	107	71.3	35.7	17.8	7.13
4.14	2.070	1.0350	0.414	213	106	71.0	35.5	17.7	7.10
4.15	2.075	1.0375	0.415	212	106	70.6	35.3	17.6	7.06
4.16	2.080	1.0400	0.416	211	105	70.2	35.1	17.6	7.02
4.17	2.085	1.0425	0.417	210	105	69.9	34.9	17.5	6.99
4.18	2.090	1.0450	0.418	209	104	69.5	34.8	17.4	6.95
4.19	2.095	1.0475	0.419	208	104	69.2	34.6	17.3	6.92

压头直径 D/mm				实验力-压头直径平方之比 $0.102\times F/D^2/(N/mm^2)$					
				30	15	10	5.0	2.5	1.0
				实验力 F/N					
10				29 420	14 710	9 807	4 903	2 452	980.7
	5			7 355	—	2 452	1 226	612.9	245.2
		2.5		1 839	—	612.9	306.5	153.2	61.29
			1	294	—	98.07	49.03	24.52	9.807
压痕平均直径 d/mm				布氏硬度/HBW					
4.20	2.100	1.0500	0.420	207	103	68.8	34.4	17.2	6.88
4.21	2.105	1.0525	0.421	205	103	68.5	34.2	17.1	6.85
4.22	2.110	1.0550	0.422	204	102	68.2	34.1	17.0	6.82
4.23	2.115	1.0575	0.423	203	102	67.8	33.9	17.0	6.78
4.24	2.120	1.0600	0.424	202	101	67.5	33.7	16.9	6.75
4.25	2.125	1.0625	0.425	201	101	67.1	33.6	16.8	6.71
4.26	2.130	1.0650	0.426	200	100	66.8	33.4	16.7	6.68
4.27	2.135	1.0675	0.427	199	99.7	66.5	33.2	16.6	6.65
4.28	2.140	1.0700	0.428	198	99.2	66.2	33.1	16.5	6.62
4.29	2.145	1.0725	0.429	198	98.8	65.8	32.9	16.5	6.58
4.30	2.150	1.0750	0.430	197	98.3	65.5	32.8	16.4	6.55
4.31	2.155	1.0775	0.431	196	97.8	65.2	32.6	16.3	6.52
4.32	2.160	1.0800	0.432	195	97.3	64.9	32.4	16.2	6.49
4.33	2.165	1.0825	0.433	194	96.8	64.6	32.3	16.1	6.46
4.34	2.170	1.0850	0.434	193	96.4	64.2	32.1	16.1	6.42
4.35	2.175	1.0875	0.435	192	95.9	63.9	32.0	16.0	6.39
4.36	2.180	1.0900	0.436	191	95.4	63.6	31.8	15.9	6.39
4.37	2.185	1.0925	0.437	190	95.0	63.3	31.7	15.8	6.33
4.38	2.190	1.0950	0.438	189	94.5	63.0	31.5	15.8	6.30
4.39	2.195	1.0975	0.439	188	94.1	62.7	31.4	15.7	6.27
4.40	2.200	1.1000	0.440	187	93.6	62.4	31.2	15.6	6.24
4.41	2.205	1.1025	0.441	186	93.2	62.1	31.1	15.5	6.21
4.42	2.210	1.1050	0.442	185	92.7	61.8	30.9	15.5	6.18
4.43	2.215	1.1075	0.443	185	92.3	61.5	30.8	15.4	6.15

续表

压头直径 D/mm				实验力-压头直径平方之比 $0.102\times F/D^2/(N/mm^2)$					
				30	15	10	5.0	2.5	1.0
				实验力 F/N					
10				29 420	14 710	9 807	4 903	2 452	980.7
	5			7 355	—	2 452	1 226	612.9	245.2
		2.5		1 839	—	612.9	306.5	153.2	61.29
			1	294	—	98.07	49.03	24.52	9.807
压痕平均直径 d/mm				布氏硬度/HBW					
4.44	2.220	1.1100	0.444	184	91.8	61.2	30.6	15.3	6.12
4.45	2.225	1.1125	0.445	183	91.4	60.9	30.5	15.2	6.09
4.46	2.230	1.1150	0.446	182	91.0	60.6	30.3	15.2	6.06
4.47	2.235	1.1175	0.447	181	90.5	60.4	30.2	15.1	6.04
4.48	2.240	1.1200	0.448	180	90.1	60.1	30.0	15.0	6.01
4.49	2.245	1.1225	0.449	179	89.7	59.8	29.9	14.9	5.98
4.50	2.250	1.1250	0.450	179	89.3	59.5	29.8	14.9	5.95
4.51	2.255	1.1275	0.451	179	88.9	59.2	29.6	14.8	5.92
4.52	2.260	1.1300	0.452	177	88.4	59.0	29.5	14.7	5.90
4.53	2.265	1.1325	0.453	176	88.0	58.7	29.3	14.7	5.87
4.54	2.270	1.1350	0.454	175	87.6	58.4	29.2	14.6	5.84
4.55	2.275	1.1375	0.455	174	87.2	58.1	29.1	14.5	5.81
4.56	2.280	1.1400	0.456	174	86.8	57.9	28.9	14.5	5.79
4.57	2.285	1.1425	0.457	173	86.4	57.6	28.8	14.4	5.76
4.58	2.290	1.1450	0.458	172	86.0	57.3	28.7	14.3	5.73
4.59	2.295	1.1475	0.459	171	85.6	57.1	28.5	14.3	5.71
4.60	2.300	1.1500	0.460	170	85.2	56.8	28.4	14.2	5.68
4.61	2.305	1.1525	0.461	170	84.8	56.5	28.3	14.1	5.65
4.62	2.310	1.1550	0.462	169	84.4	56.3	28.1	14.1	5.63
4.63	2.315	1.1575	0.463	168	84.0	56.0	28.0	14.0	5.60
4.64	2.320	1.1600	0.464	167	83.6	55.8	27.9	13.9	5.58
4.65	2.325	1.1625	0.465	167	83.3	55.5	27.8	13.9	5.55
4.66	2.330	1.1650	0.466	166	82.9	55.3	27.6	13.8	5.53
4.67	2.335	1.1675	0.467	165	82.5	55.0	27.5	13.8	5.50

续表

压头直径 D/mm				实验力-压头直径平方之比 0.102×F/D²/(N/mm²)					
				30	15	10	5.0	2.5	1.0
				实验力 F/N					
10				29 420	14 710	9 807	4 903	2 452	980.7
	5			7 355	—	2 452	1 226	612.9	245.2
		2.5		1 839	—	612.9	306.5	153.2	61.29
			1	294	—	98.07	49.03	24.52	9.807
压痕平均直径 d/mm				布氏硬度/HBW					
4.68	2.340	1.1700	0.468	164	82.1	54.8	27.4	13.7	5.48
4.69	2.345	1.1725	0.469	164	81.8	54.5	27.3	13.6	5.45
4.70	2.350	1.1750	0.470	163	81.4	54.3	27.1	13.6	5.43
4.71	2.355	1.1775	0.471	162	81.0	54.0	27.0	13.5	5.40
4.72	2.360	1.1800	0.472	161	80.7	53.8	26.9	13.4	5.38
4.73	2.365	1.1825	0.473	161	80.3	53.5	26.8	13.4	5.35
4.74	2.370	1.1850	0.474	160	79.3	53.3	26.6	13.3	5.33
4.75	2.375	1.1875	0.475	159	79.6	53.0	26.5	13.3	5.30
4.76	2.380	1.1900	0.476	158	79.2	52.8	26.4	13.2	5.28
4.77	2.385	1.1925	0.477	158	78.9	52.6	26.3	13.1	5.26
4.78	2.390	1.1950	0.478	157	78.5	52.3	26.2	13.1	5.23
4.79	2.395	1.1975	0.479	156	78.2	52.1	26.1	13.0	5.21
4.80	2.400	1.2000	0.480	156	77.8	51.9	25.9	13.0	5.19
4.81	2.405	1.2025	0.481	155	77.5	51.6	25.8	12.9	5.16
4.82	2.410	1.2050	0.482	154	77.1	51.4	25.7	12.9	5.14
4.83	2.415	1.2075	0.483	154	76.8	51.2	25.6	12.8	5.12
4.84	2.420	1.2100	0.484	153	76.4	51.0	25.5	12.7	5.10
4.85	2.425	1.2125	0.485	152	76.1	50.7	25.4	12.7	5.07
4.86	2.430	1.2150	0.486	152	75.8	50.5	25.3	12.6	5.05
4.87	2.435	1.2175	0.487	151	75.4	50.3	25.1	12.6	5.03
4.88	2.440	1.2200	0.488	150	75.1	50.1	25.0	12.5	5.01
4.89	2.445	1.2225	0.489	150	74.8	49.8	24.9	12.5	4.98
4.90	2.450	1.2250	0.490	149	74.4	49.6	24.8	12.4	4.96
4.91	2.455	1.2275	0.491	148	74.1	49.4	24.7	12.4	4.94

续表

压头直径 D/mm				实验力-压头直径平方之比 $0.102\times F/D^2$/(N/mm²)					
				30	15	10	5.0	2.5	1.0
				实验力 F/N					
10				29 420	14 710	9 807	4 903	2 452	980.7
	5			7 355	—	2 452	1 226	612.9	245.2
		2.5		1 839	—	612.9	306.5	153.2	61.29
			1	294	—	98.07	49.03	24.52	9.807
压痕平均直径 d/mm				布氏硬度/HBW					
4.92	2.460	1.2300	0.492	148	73.8	49.2	24.6	12.3	4.92
4.93	2.465	1.2325	0.493	147	73.5	49.0	24.5	12.2	4.90
4.94	2.470	1.2350	0.494	146	73.2	48.8	24.4	12.2	4.88
4.95	2.475	1.2375	0.495	146	72.8	48.6	24.3	12.1	4.86
4.96	2.480	1.2400	0.496	145	72.5	48.3	24.2	12.1	4.83
4.97	2.485	1.2425	0.497	144	72.2	48.1	24.1	12.0	4.81
4.98	2.490	1.2450	0.498	144	71.9	47.9	24.0	12.0	4.79
4.99	2.495	1.2475	0.499	143	71.6	47.7	23.9	11.9	4.77
5.00	2.500	1.2500	0.500	143	71.3	47.5	23.8	11.9	4.75
5.01	2.505	1.2525	0.501	142	71.0	47.3	23.7	11.8	4.73
5.02	2.510	1.2550	0.502	141	70.7	47.1	23.6	11.8	4.71
5.03	2.515	1.2575	0.503	141	70.4	46.9	23.5	11.7	4.69
5.04	2.520	1.2600	0.504	140	70.1	46.7	23.4	11.7	4.67
5.05	2.525	1.2625	0.505	140	69.8	46.5	23.3	11.6	4.67
5.06	2.530	1.2650	0.506	139	69.5	46.3	23.2	11.6	4.63
5.07	2.535	1.2675	0.507	138	69.2	46.1	23.1	11.5	4.61
5.08	2.540	1.2700	0.508	138	68.9	45.9	23.0	11.5	4.59
5.09	2.545	1.2725	0.509	137	68.6	45.7	22.9	11.4	4.57
5.10	2.550	1.2750	0.510	137	68.3	45.5	22.8	11.4	4.55
5.11	2.555	1.2775	0.511	136	68.0	45.3	22.7	11.3	4.53
5.12	2.560	1.2800	0.512	135	67.7	45.1	22.6	11.3	4.51
5.13	2.565	1.2825	0.513	135	67.4	45.0	22.5	11.2	4.50
5.14	2.570	1.2850	0.514	134	67.1	44.8	22.4	11.2	4.48
5.15	2.575	1.2875	0.515	134	66.9	44.6	22.3	11.1	4.46

续表

压头直径 *D*/mm				实验力-压头直径平方之比 $0.102\times F/D^2/(N/mm^2)$					
				30	15	10	5.0	2.5	1.0
				实验力 *F*/N					
10				29 420	14 710	9 807	4 903	2 452	980.7
	5			7 355	—	2 452	1 226	612.9	245.2
		2.5		1 839	—	612.9	306.5	153.2	61.29
			1	294	—	98.07	49.03	24.52	9.807
压痕平均直径 *d*/mm				布氏硬度/HBW					
5.16	2.580	1.2900	0.516	133	66.6	44.4	22.2	11.1	4.44
5.17	2.585	1.2925	0.517	133	66.3	44.2	22.1	11.1	4.42
5.18	2.590	1.2950	0.518	132	66.0	44.0	22.0	11.0	4.40
5.19	2.595	1.2975	0.519	132	65.8	43.8	21.9	11.0	4.38
5.20	2.600	1.3000	0.520	131	65.5	43.7	21.8	10.9	4.37
5.21	2.605	1.3025	0.521	130	65.2	43.5	21.7	10.9	4.35
5.22	2.610	1.3050	0.522	130	64.9	43.3	21.6	10.8	4.33
5.23	2.615	1.3075	0.523	129	64.7	43.1	21.6	10.8	4.31
5.24	2.620	1.3100	0.524	129	64.4	42.9	21.5	10.7	4.29
5.25	2.625	1.3125	0.525	128	64.1	42.8	21.4	10.7	4.28
5.26	2.630	1.3150	0.526	128	63.9	42.6	21.3	10.6	4.26
5.27	2.635	1.3175	0.527	127	63.6	42.4	21.2	10.6	4.24
5.28	2.640	1.3200	0.528	127	63.3	42.2	21.1	10.6	4.22
5.29	2.645	1.3225	0.529	126	63.1	42.1	21.0	10.5	4.21
5.30	2.650	1.3250	0.530	126	62.8	41.9	20.9	10.5	4.19
5.31	2.655	1.3275	0.531	125	62.6	41.7	20.9	10.4	4.17
5.32	2.660	1.3300	0.532	125	62.3	41.5	20.8	10.4	4.15
5.33	2.665	1.3325	0.533	124	62.1	41.4	20.7	10.3	4.14
5.34	2.670	1.3350	0.534	124	61.8	41.2	20.6	10.3	4.12
5.35	2.675	1.3375	0.535	123	61.5	41.0	20.5	10.3	4.10
5.36	2.680	1.3400	0.536	123	61.3	40.9	20.4	10.2	4.09
5.37	2.685	1.3425	0.537	122	61.0	40.7	20.3	10.2	4.07
5.38	2.690	1.3450	0.538	122	60.8	40.5	20.3	10.1	4.05
5.39	2.695	1.3475	0.539	121	60.6	40.4	20.2	10.1	4.04

续表

压头直径 D/mm				实验力-压头直径平方之比 $0.102\times F/D^2$/(N/mm²)					
				30	**15**	**10**	**5.0**	**2.5**	**1.0**
				实验力 F/N					
10				29 420	14 710	9 807	4 903	2 452	980.7
	5			7 355	—	2 452	1 226	612.9	245.2
		2.5		1 839	—	612.9	306.5	153.2	61.29
			1	294	—	98.07	49.03	24.52	9.807
压痕平均直径 d/mm				布氏硬度/HBW					
5.40	2.700	1.3500	0.540	121	60.3	40.2	20.1	10.1	4.02
5.41	2.705	1.3525	0.541	120	60.1	40.0	20.9	10.0	4.00
5.42	2.710	1.3550	0.542	120	59.8	39.9	19.9	9.97	3.99
5.43	2.715	1.3575	0.543	119	59.6	39.7	19.9	9.93	3.97
5.44	2.720	1.3600	0.544	119	59.3	39.6	19.8	9.89	3.96
5.45	2.725	1.3625	0.545	118	59.1	39.4	19.7	9.85	3.94
5.46	2.730	1.3650	0.546	118	58.9	39.2	19.6	9.81	3.92
5.47	2.735	1.3675	0.547	117	58.6	39.1	19.5	9.77	3.91
5.48	2.740	1.3700	0.548	117	58.4	38.9	19.5	9.73	3.89
5.49	2.745	1.3725	0.549	116	58.2	38.8	19.4	9.69	3.88
5.50	2.750	1.3750	0.550	116	57.9	38.6	19.3	9.66	3.86
5.51	2.755	1.3775	0.551	115	57.7	38.5	19.2	9.62	3.85
5.52	2.760	1.3800	0.552	115	57.5	38.3	19.2	9.58	3.83
5.53	2.765	1.3825	0.553	114	57.2	38.2	19.1	9.54	3.82
5.54	2.770	1.3850	0.554	114	57.0	38.0	19.0	9.50	3.80
5.55	2.775	1.3875	0.555	114	56.8	37.9	18.9	9.47	3.79
5.56	2.780	1.3900	0.556	113	56.6	37.7	18.9	9.43	3.77
5.57	2.785	1.3925	0.557	113	56.3	37.6	18.8	9.39	3.76
5.58	2.790	1.3950	0.558	112	56.1	37.4	18.7	9.35	3.74
5.59	2.795	1.3975	0.559	112	55.9	37.3	18.6	9.32	3.73
5.60	2.800	1.4000	0.560	111	55.7	37.1	18.6	9.28	3.71
5.61	2.805	1.4025	0.561	111	55.5	37.0	18.5	9.24	3.70
5.62	2.810	1.4050	0.562	110	55.2	36.8	18.4	9.21	3.68
5.63	2.815	1.4075	0.563	110	55.0	36.7	18.3	9.17	3.67

续表

压头直径 D/mm				实验力-压头直径平方之比 0.102×F/D^2/(N/mm²)					
				30	15	10	5.0	2.5	1.0
				实验力 F/N					
10				29 420	14 710	9 807	4 903	2 452	980.7
	5			7 355	—	2 452	1 226	612.9	245.2
		2.5		1 839	—	612.9	306.5	153.2	61.29
			1	294	—	98.07	49.03	24.52	9.807
压痕平均直径 d/mm				布氏硬度/HBW					
5.64	2.820	1.4100	0.564	110	54.8	36.5	18.3	9.14	3.65
5.65	2.825	1.4125	0.565	109	54.6	36.4	18.2	9.10	3.64
5.66	2.830	1.4150	0.566	109	54.4	36.3	18.1	9.06	3.63
5.67	2.835	1.4175	0.567	108	54.2	36.1	18.1	9.03	3.61
5.68	2.840	1.4200	0.568	108	54.0	36.0	18.0	8.99	3.60
5.69	2.845	1.4225	0.569	107	53.7	35.8	17.9	8.96	3.58
5.70	2.850	1.4250	0.570	107	53.7	35.7	17.8	8.92	3.57
5.71	2.855	1.4275	0.571	107	53.3	35.6	17.8	8.89	3.56
5.72	2.860	1.4300	0.572	106	53.1	35.4	17.7	8.85	3.54
5.73	2.865	1.4325	0.573	106	52.9	35.3	17.6	8.82	3.53
5.74	2.870	1.4350	0.574	105	52.7	35.1	17.6	8.79	3.51
5.75	2.875	1.4375	0.575	105	52.5	35.0	17.5	8.75	3.50
5.76	2.880	1.4400	0.576	105	52.3	34.9	17.4	8.72	3.49
5.77	2.885	1.4425	0.577	104	52.1	34.7	17.4	8.68	3.47
5.78	2.890	1.4450	0.578	104	51.9	34.6	17.3	8.65	3.46
5.79	2.895	1.4475	0.579	103	51.7	34.5	17.2	8.62	3.45
5.80	2.900	1.4500	0.580	103	51.5	34.3	17.2	8.59	3.43
5.81	2.905	1.4525	0.581	103	51.3	34.2	17.1	8.55	3.42
5.82	2.910	1.4550	0.582	102	51.1	34.1	17.0	8.52	3.41
5.83	2.915	1.4575	0.583	102	50.9	33.9	17.0	8.49	3.39
5.84	2.920	1.4600	0.584	101	50.7	33.8	16.9	8.45	3.38
5.85	2.925	1.4625	0.585	101	50.5	33.7	16.8	8.42	3.37
5.86	2.930	1.4650	0.586	101	50.3	33.6	16.8	8.39	3.36
5.87	2.935	1.4675	0.587	100	50.2	33.4	16.7	8.36	3.34

续表

压头直径 D/mm				实验力-压头直径平方之比 $0.102\times F/D^2/(N/mm^2)$					
				30	15	10	5.0	2.5	1.0
				实验力 F/N					
10				29 420	14 710	9 807	4 903	2 452	980.7
	5			7 355	—	2 452	1 226	612.9	245.2
		2.5		1 839	—	612.9	306.5	153.2	61.29
			1	294	—	98.07	49.03	24.52	9.807
压痕平均直径 d/mm				布氏硬度/HBW					
5.88	2.940	1.4700	0.588	99.9	50.0	33.3	16.7	8.33	3.33
5.89	2.945	1.4725	0.589	99.5	49.8	33.2	16.6	8.30	3.32
5.90	2.950	1.4750	0.590	99.2	49.6	33.1	16.5	8.26	3.31
5.91	2.955	1.4775	0.591	98.8	49.4	32.9	16.5	8.23	3.29
5.92	2.960	1.4800	0.592	98.4	49.2	32.8	16.4	8.20	3.28
5.93	2.965	1.4825	0.593	98.0	49.0	32.7	16.3	8.17	3.27
5.94	2.970	1.4850	0.594	97.7	48.8	32.6	16.3	8.14	3.26
5.95	2.975	1.4875	0.595	97.3	48.7	32.4	16.2	8.11	3.24
5.96	2.980	1.4900	0.596	96.9	48.5	32.3	16.2	8.08	3.23
5.97	2.985	1.4925	0.597	96.6	48.3	32.2	16.1	8.05	3.22
5.98	2.990	1.4950	0.598	96.2	48.1	32.1	16.0	8.02	3.21
5.99	2.995	1.4975	0.599	95.9	47.9	32.0	16.0	7.99	3.20
6.00	3.000	1.5000	0.600	95.5	47.7	31.8	15.9	7.96	3.18

附录 2

非合金钢、低合金钢、铸钢布氏硬度、洛氏硬度和维氏硬度的硬度值对照表

布氏硬度 /HB	洛氏硬度 /HRC	维氏硬度 /HV	布氏硬度 /HB	洛氏硬度 /HRC	维氏硬度 /HV
	68.0	940	415	44.5	440
	67.5	920	401	43.1	425
	67.0	900	388	41.8	410
	66.4	880	375	40.4	396
	65.9	860	363	39.1	383
	65.3	840	352	37.9	372
	64.7	920	341	36.6	360
	64.0	900	331	35.5	350
	63.3	780	321	34.3	339
	62.5	760	311	33.1	328
	61.8	740	302	32.1	319
	61.7	737	293	30.9	309
	61.0	720	285	29.9	301
	60.1	700	277	28.8	292
	60.0	697	269	27.6	284
	59.7	690	262	26.6	276
	59.2	680	255	25.4	269

续表

布氏硬度/HB	洛氏硬度/HRC	维氏硬度/HV	布氏硬度/HB	洛氏硬度/HRC	维氏硬度/HV
	58.8	670	248	24.2	261
	58.7	667	241	22.8	253
620	58.3	660	235	21.7	247
601	57.3	640	229	20.5	241
578	56.0	615	223		234
	55.6	607	217		228
555	54.7	591	212		222
	54.0	579	207		218
534	53.5	569	201		212
	52.5	553	197		207
514	52.1	547	192		202
	51.6	539	187		296
	51.1	530	183		192
495	51.0	528	179		188
	50.3	516	174		183
477	49.6	508	170		178
	48.8	495	167		175
461	48.5	491	163		171
	47.2	474	156		163
444	47.1	472	149		156
429	45.7	455	143		150

附录 3

NH7732－63B 型数控线切割机床编程范例

（1）开机状态显示。

开启电源，有下列三种显示状态。

① 显示 Good。表明控制系统内部正常，停电保护可靠。

② 显示原有加工状态（计数长度为 J）。表明开动机床即可继续进行切割加工。暂停后，连续按三次[退出]键，将退出原有加工状态。

③ 显示 Error。表明控制系统内部 ROM 数据出错，不能按原有状态继续加工。

错误含义如下。

Error1：输入或显示地址时错误（未输入地址或地址超出范围 2158 条）。

Error2：输入或显示数据时错误（数据超出范围）。

Error3：显示程序时加工方向错误（加工方向定义错误）。

Error4：显示程序时加工指令错误（加工指令定义超出范围）。

Error5：显示程序无效（该程序无效）。

Error6：定义平移旋转的次数无效（未输入地址或地址超出范围）。

Error10：地址无效。

Error11：指令错误。

Error12：平移、旋转或逆割时地址范围出错。

Error13：操作无效。

Error14：计算机传输时读数出错。

Error15：快速校零时出错。

Error16：执行指令无效。

Error17：输出无效。

Error18：正在执行时为旋转平移等功能。

Error19：回原点无效。

Error20：旋转无效。

Error21：平移无效。

Error22：补偿无效。

Error23：缩放无效。

Error24：输入角度参数无效。

Error25：输入高度参数无效。

Error26：开、关高频无效。

Error27：定中心、定端面无效。

（2）面板键盘的布局。

操作面板上的小键盘（附图 3－1）用于手工输入 3B 程序和设置控制功能。

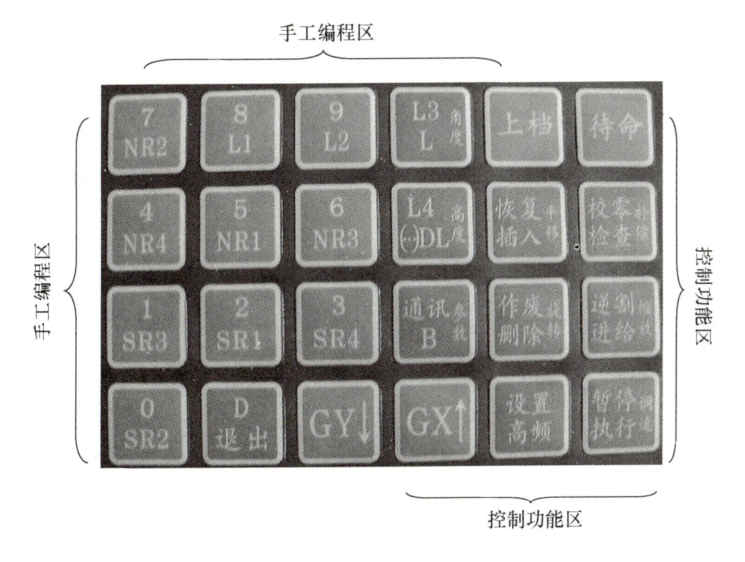

附图 3－1　操作面板上的小键盘

（3）正常待命和指令执行状态下的显示。

在待命状态下有两种显示状态：正常待命和指令执行状态。

① 正常待命。

正常待命状态下的控制系统只显示一个 P 值，此时按[上档]键时切换到上档状态，显示 P.。同时此状态下，可以输入或删除所有的功能参数值和控制状态。

② 指令执行状态。

指令执行状态下的控制系统不再显示 P 值，而是显示正在执行的指令的计数长度（即 J 值），还有指令段号和加工指令，例如附图 3－2。

附图 3－2　指令执行状态下显示的指令

此时连续按[待命]键，显示的符号在 J 和 U 之间切换，表示控制系统在显示下工件面的指令和显示上工件面的指令之间切换。当显示符号J时，表示显示的是下工件面的指令；当显示符号U时，表示显示的是上工件面的指令。此时按 GX↑ 键或 GY↓ 键分别显示当前指令的X值或Y值，还有指令特定符。

此状态下，不能设置和使用某些控制功能，必须退出指令执行状态，方法是在暂停状态下连续按三次 退出 键。

(4) 程序输入与编辑。

在显示Good时按 待命 键，显示P值后可在程序中进行输入、检查、插入、删除、快速校零等操作，操作时指令段号为M，必须输入。

① 键盘输入程序。

本控制系统可存储2158条3B格式的加工指令，指令段号为0～2157。加工程序可存于任意段号位置，并可同时存放多个加工程序，在切割加工过程中仍然可以输入。

指令输入操作如下。

A. 待命时输入。

按照3B指令格式，依次输入"M B X B Y B J GX / GYZ标志符 (M为指令段号)"。

首先输入起始指令段号（ 1 ）；然后按 B 键，便可开始输入3B指令X值；再按两次 B 键后，分别输入Y值和J值；再按 GX↑ 或 GY↓ 键，输入加工方向；最后输入加工指令（SR1-4、NR1-4或L1-4），如果该指令是具有特别定义的指令，如引线、回复线、最后一条指令、等圆弧、跳步线，则要输入它们的特别定义符。到此即完成了一条指令的全部输入过程，若要继续输入下一条指令，可以直接按 B 键，指令段号会自动加1。若要在新的位置输入，则必须重新输入指令段号后再按 B 键；若不再输入指令，则按 待命 键返回到待命状态。

特别定义符 标志符 的说明如下。

- 引线（显示L)。斜度加工时也称自斜线。在指令后按 L 键，显示L，表示该指令为引线。
- 跳步线（显示JL)。用于加工跳步模，在执行跳步线时不能装钼丝。在指令后按两次 L 键，显示JL，表示该指令为跳步线。
- 等圆弧加工指令（显示DL)。标有该符号的指令在斜度加工时都做等圆弧处理。在指令后按 DL 键，显示DL，表示该指令为等圆弧加工。
- 暂停符/回复线（显示END)。与引线对应使用；有时也单独使用，表示暂停符。在指令后按 D 键，显示END，表示该指令为回复线。
- 停机符（显示AEND)。有时也与引线配合使用，兼具回复线功能。在指令后按两次 D 键，显示AEND，表示该指令为最后的指令，当执行完这条指令后，控制系统将输出关机床信号。

每个程序中都可设置暂停指令，输入完毕后必须在程序末设置停机指令。设置步骤为按D（停机符，END）或DD（全停符，AEND）键。

B. 加工时输入程序。

加工时，16位显示器显示当前加工状态。按待命键显示当前加工状态；再按数字键（输入指令起始段号）显示器左4位，显示输入的起始段号，此时可按3B格式输入指令；输入完一条指令后按B键，段号自动加1，输入下一条指令。到段末一定要输入停机符D或DD。

3B指令输入操作举例见附表3-1和附表3-2。

附表3-1 3B指令输入操作举例一

按键操作	数码管显示状态																说明
待命	P																处于待命状态
100		1	0	0													输入起始段号
B2000		1	0	0				H					2	0	0	0	输入X坐标值
B		1	0	0				y									Y坐标值为0，可省略输入0
B8000		1	0	0					j				8	0	0	0	输入J计数长度
GYNR1		1	0	0	y	n	r	1	j				8	0	0	0	输入计数方向和加工指令
B		1	0	1													显示下一段号等待输入

附表3-2 3B指令输入操作举例二

按键操作	数码管显示状态																说明
待命	P																处于待命状态
100		1	0	0													输入起始段号
B2000		1	0	0				H					2	0	0	0	输入X坐标值
B		1	0	0				y									Y坐标值为0，可省略输入0
B8000		1	0	0					j				8	0	0	0	输入J计数长度
GYNR1		1	0	0	y	n	r	1	j				8	0	0	0	输入计数方向和加工指令
D		1	0	0	y	n	r	1	j					E	n	D	输入暂停符
D		1	0	0	y	n	r	1	j				A	E	n	D	输入暂停符，转为全停符

② 检查。

在待命状态下，首先输入要检查的指令段号，再按检查键，即开始显示该指令的X值，依次按检查键后分别显示Y值、J值、加工方向和加工指令，如是特别定义的指令，则同时显示该指令的特别定义符。至此，该指令已检查完成，若要继续检查下一条指令，可以直接按检查键，指令段号自动加 1，同时显示下一条指令的 X 值，依此类推。在任何时候都可按待命键返回到待命状态。在检查过程中不按任何键，则每过 5s 后，控制系统会自动显示下一项内容，与按检查键的效果相同。

3B 指令检查操作举例见附表 3-3。

附表 3-3　3B 指令检查操作举例

按键操作	数码管显示状态																说　明
待命	P																处于待命状态
50			5	0													输入起始段号
检查			5	0				H				2	0	0	0	0	显示 X 坐标值
检查			5	0				y				1	0	0	0	0	显示 Y 坐标值
检查			5	0					j			2	0	0	0	0	显示 J 计数长度
检查			5	0	H		L	1									显示计数方向和加工指令

③ 插入（显示提示符 INC）。

若要在某个段号处插入一条指令，同时将该段号后面的指令依次后移，则可以使用插入功能。具体操作：在待命状态下，输入需要插入的段号，按插入键，控制系统显示 INC，表示已插入成功，此时该段号处的指令为空，再将需要插入的指令输入到该段号处即可。

④ 删除（显示提示符 DEL）。

若要将某个段号处的指令删除，同时将后面的指令依次前移，则可以使用删除功能。具体操作：在待命状态下，输入需要删除的段号，按删除键，控制系统显示 DEL，表示已删除成功，此时该段号处已经是下一条指令。

⑤ 修改。

以要修改的段号为段号，按输入指令的方法把某条指令修改为正确的指令。当检查时发现这条指令没有停机符时，可按 D 键插入停机符，这条指令就成为有停机符的指令。

⑥ 作废。

若要将某个段段号内的指令全部作废，使它们全部无效，则可以使用作废功能。具体操作：在待命状态下，首先按上档键，将控制系统切换到上档状态，再输入要作废程序段的起始段号，按 L4 键，显示“┌”符号；然后输入程序段的结束段号，按 L4 键，显示“┘”符号；最后按作废键，控制系统会自动作废该段段号内的所有指令，并返回到待命状态。

3B 指令作废操作举例见附表 3-4。

附表 3-4 3B 指令作废操作举例

按键操作	数码管显示状态																说明
待命	P																处于待命状态
上档	P.																处于上档状态
100		1	0	0													输入起始段号
L4	┌																进入“(”状态
150		1	5	0													输入结束段号
L4	┘																进入“)”状态
作废	P																作废操作结束返回待命状态

⑦ 恢复。

若要将先前已经作废的某段段号内的指令全部恢复成有效指令，则可以使用恢复功能。具体操作：在待命状态下，首先按上档键，将控制系统切换到上档状态；再输入要恢复程序段的起始段号，按……键，显示“┌”符号；然后输入该段的结束段号，按……键，显示“┘”符号；最后按恢复键，控制系统自动恢复该段内的全部指令，并返回到待命状态。

只有先前已经用作废功能作废的指令，才能用恢复功能恢复。

3B 指令恢复操作举例见附表 3-5。

附表 3-5 3B 指令恢复操作举例

按键操作	数码管显示状态																说明
待命	P																处于待命状态
上档	P.																处于上档状态
100		1	0	0													输入起始段号
L4	┌																进入“（”状态
150		1	5	0													输入结束段号
L4	┘																进入“)”状态
恢复	P																恢复操作结束返回待命状态

⑧ 快速校零。

所谓快速校零，就是计算整个加工程序终点位移量，可以检测加工图形是否封闭，从而验证程序是否正确。

当将一段完整的指令段输入到控制系统后，在加工开始前，一般都要做封闭性检查。因为一般工件的轮廓线应是封闭的，所以通过检查该段指令的图形是否封闭，就可以确认加工出来的工件是否正确。

具体方法：在上档状态下，输入需检查的指令段的起始段号；然后按校零键，控制系统立即由输入的起始段号起计算，显示器跟踪显示已经计算到的指令段号，一直计算到结束段号后停下，显示出计算的起始段号和结束段号，以便用户检查是否正确；再按任意键，即可显示出计算出的终点到起点的距离，左边的数值是 X 方向的距离，右边的数值是 Y 方向的距离。

当有斜度加工时，第一条指令必须是引线，快速校零时可以加补偿量，加补偿校零与不加补偿校零可能不同，与四舍五入法有关，但是只要不影响精度，即可切割加工。

例如从 200 条开始校零，按 [上档] 键显示 P.；按 [2] [0] [0] [校零] 键，左边显示 200，右边显示从 200 开始至停机符的段号；校零结束，左、右显示换位，按任意键后，显示器左边八位显示 X 值，右边八位显示 Y 值。

附录4

常用金相浸蚀剂

序号	用　途	成　分	浸 蚀 方 法	附　注
A101	大多数钢种	1∶1（容积比，工业 HCl 水溶液）	60～80℃热蚀：易切削钢 5～10min 碳素钢等 5～20min 合金钢等 15～20min	酸蚀后的防锈方法：a. 中和法，用 10% $NH_3 \cdot H_2O$ 溶液浸泡后再以热水冲洗。b. 钝化法，浸入浓 HNO_3 5s 后再用热水冲洗。c. 涂层保护法，涂清漆和塑料膜
A102	奥氏体不锈钢、耐热钢	$HCl:HNO_3:H_2O=10:1:10$（容积比）	60～70℃热蚀 5～25min	
A103	碳素钢、合金钢、高速工具钢	$HCl:HSO_4:H_2O=38:12:50$（容积比）	60～80℃热蚀 15～25min	
A104	大多数钢种	HCl 500mL、H_2SO_4 35mL、$CuSO_4$ 150g	室温浸蚀，在浸蚀过程中用毛刷不断擦拭试样表面，去除表面沉淀物	可用 A108 号浸蚀剂做冲刷液
A105	大多数钢种	$FeCl_3$ 200g、HNO_3 300mL、H_2O 100mL	室温浸蚀或擦拭 1～5min	
A106	大多数钢种	HCl 30mL、$FeCl_3$ 50g、H_2O 70mL	室温浸蚀	
A107	碳素钢、合金钢	10%～40% HNO_3 水溶液（容积比）	室温浸蚀，25% HNO_3 水溶液为通用浸蚀剂	a. 可用于球墨铸铁的低倍组织显示。b. 高浓度适用于不便加热的钢锭截面等大试样
A108	碳素钢、合金钢、显示枝晶及粗晶组织	10%～20% $(NH_4)_2S_2O_8$ 水溶液	室温浸蚀或擦拭	
A109	碳素钢、合金钢	$FeCl_3$ 饱和水溶液 500mL、HNO_3 10mL	室温浸蚀	
A110	不锈钢及高铬、高镍合金钢	$HNO_3:HCl=1:3$		

续表

序号	用　途	成　分	浸蚀方法	附　注
A111	奥氏体不锈钢	$CuSO_4$ 100mL、HCl 500mL、H_2O 500mL	室温浸蚀或加热使用	通用浸蚀剂
A112	精密合金、高温合金	HNO_3 60mL、HCl 200mL、$FeCl_3$ 50g、$(NH_4)_2S_2O_8$ 30g、H_2O 50mL	室温浸蚀	
A113	钢的枝晶组织	$H_8ClCuNO_2$ 12g、HCl 5mL、H_2O 100mL	浸蚀30～60min后对表面稍加研磨能获得好的效果	
A114	显示铸态组织和铸钢晶粒度	HNO_3 10mL、H_2SO_4 10mL、H_2O 20mL	室温浸蚀	
A115	高合金钢、高速钢、铁-钴和镍基高温合金	HCl 50mL、HNO_3 25mL、H_2O 25mL		稀王水浸蚀剂
A116	铁素体及奥氏体不锈钢	$K_2Cr_2O_7$ 25g、HCl 100mL、HNO_3 10mL、H_2O 100mL	60～70℃热蚀30～60min	
A201	碳钢、合金钢	HNO_3 1～10mL、C_2H_6O 90～99mL	按材料选择HNO_3加入量，常用3%～4%溶液，1%溶液适用于碳钢中温回火组织及渗碳共渗黑色组织	最常用的浸蚀剂。但热处理组织不如苦味酸溶液的分辨能力强
A202	钢的热处理组织	$C_6H_3N_3O_7$ 2～4g、C_2H_6O 100mL。必要时加入4～5滴润湿剂	室温浸蚀、浸蚀作用缓慢	能清晰显示珠光体、马氏体、回火马氏体、贝氏体等组织，渗碳体呈黄色
A203	显示极细珠光体	$C_5H_{12}O$ 100mL、$C_6H_3N_3O_7$ 5g	需在通风柜内操作，不能长时间存放	
A204	显示淬火马氏体与铁素体的反差	$C_6H_3N_3O_7$ 1g、H_2O 100mL	70～80℃热蚀15～20s	也可以使用饱和溶液
A205	显示铁素体与碳化物的组织	$C_6H_3N_3O_7$ 1g、HCl 5mL、C_2H_6O 100mL	室温浸蚀	Vilella试剂经300～500℃回火效果最佳，也可显示高铬钢中的板条状马氏体与针叶状马氏体的区别
A206	显示合金钢、回火马氏体	1%硝酸乙醇1份、4%苦味酸乙醇1份	室温浸蚀	
A207	用于区分奥氏体、马氏体和回火马氏体	4%硝酸乙醇100mL、4%苦味酸乙醇10mL、HNO_3 2mL、H_2O 20mL	室温浸蚀	

续表

序号	用　途	成　分	浸蚀方法	附　注
A208	显示铁素体晶粒度	$(NH_4)_2S_2O_8$ 10g、H_2O 100mL	室温浸蚀或擦拭少于5s	可能产生晶粒反差
A209	显示回火钢	$FeCl_3$ 5g、C_2H_6O 100mL	室温浸蚀	
A210	显示贝氏体钢	$FeCl_3$ 1g、HCl 2mL、C_2H_6O 100mL	室温浸蚀1～5s	
A211	显示淬火组织中的马氏体和奥氏体	$Na_2S_2O_5$ 10g、H_2O 100mL	室温浸蚀	马氏体显著变黑，奥氏体未浸蚀
A212	显示GCr15钢和激光热处理组织	HCl 3mL、HNO_3 1.5mL、$C_6H_3N_3O_7$ 3g、C_2H_6O 95mL	室温浸蚀	
A213	显示高强度钢中的马氏体和铁素体	1%$Na_2S_2O_5$水溶液：4%苦味酸乙醇＝1：1	室温浸蚀	马氏体呈白色、贝氏体呈黑色、铁素体呈黄褐色
A214	显示低合金钢中板条状马氏体与贝氏体的区别	1＃　2＃ ⓐ　1：1.2 ⓑ　1.5：1 1＃ 4%苦味酸乙醇；2＃ 1% $Na_2S_2O_5$水溶液	先浸入ⓐ中20s，再入沸水加热风干，再浸入ⓑ中10s	贝氏体呈灰白色、马氏体呈棕黄色
A215	检验磨削烧伤	28% $NaHCO_3$水溶液	室温浸蚀	烧伤后的回火色有色差
A216	高锰钢	ⓐ 3%～5%硝酸乙醇；ⓑ 4%～6%盐酸乙醇	先在ⓐ中浸蚀5～20s，取出后用清水冲洗并干燥，再入ⓑ中清洗5～10s	
A217	高锰钢	ⓐ 2%硝酸乙醇；ⓑ $Na_2S_2O_5$ 20g；H_2O 100mL	先在ⓐ中浸蚀5s，取出后清洗并干燥，再在ⓑ中浸蚀到表面发黑	有极佳晶粒反差，并显示表面渗碳层深度
A218	高锰钢	饱和$Na_2S_2O_3\cdot5H_2O$水溶液50mL、$K_2S_2O_5$ 5g	室温浸蚀30～90s	奥氏体呈黄棕色或蓝色、α马氏体呈棕色、ε马氏体呈白色
A301	显示高速钢淬火晶粒度、过热程度和回火程度	4%硝酸乙醇	室温浸蚀，显示回火程度，应注意室温。 浸蚀时间如下。 20～25℃≤3min； 25～30℃≤2min； ＞30℃≤1min	
A302	高速钢淬火、回火后晶粒及马氏体形态	饱和$C_6H_3N_3O_7$水溶液15mL、HCl 25mL、HNO_3 10mL、C_2H_6O 50mL	室温浸蚀	

续表

序号	用　途	成　分	浸蚀方法	附　注
A303	高速钢经低温淬火后的晶粒及马氏体形态	HNO_3 10mL、HCl 30mL、C_2H_6O 59.5mL、海欧洗净剂 0.5mL	室温浸蚀	
A304	淬火、回火后的马氏体形态	饱和 $C_6H_3N_3O_7$ 水溶液 20mL、HNO_3 10mL、HCl 30mL、CH_3OH 40mL	室温浸蚀	
A305	高速钢淬火及回火后的晶粒	HNO_3 3mL、HCl 10mL、CH_3OH 100mL	室温浸蚀 2～10min	偏光下观察
A306	高速钢淬火后多次回火的晶粒	HCl 25mL、HNO_3 40mL、H_2O 25mL	室温浸蚀	
A501	奥氏体不锈钢	HCl 30mL、HNO_3 10mL、$C_3H_8O_3$ 10mL	室温浸蚀、使用时现场配制	Glyceregia 试剂，显示晶粒组织及 σ 相和碳化物轮廓
A502	奥氏体不锈钢、高镍或高钴合金钢	HCl 30mL、HNO_3 10mL（以 $CuCl_2$ 溶液饱和）	擦拭，配好后待 20～30min 再用	Fry 试剂
A503	奥氏体不锈钢及大多数不锈钢	$FeCl_3$ 10g、HCl 30mL、H_2O 120mL	轻度擦拭 3～10s	Curran 试剂
A504	奥氏体不锈钢及大多数不锈钢	HNO_3 ∶ HCl ∶ H_2O＝1∶1∶1	20℃下浸蚀，需要搅动溶液。得到均匀而无色的结果时可以存放	通用试剂
A505	奥氏体不锈钢	HNO_3 5mL、HF 1mL、H_2O 44mL	在通风条件下浸蚀 5min	
A506	奥氏体不锈钢	HCl 25mL、10% H_2CrO_4 水溶液 50mL	室温浸蚀	
A507	马氏体不锈钢	$FeCl_3$ 5g、HCl 25mL、C_2H_6O 25mL	室温浸蚀	
A508	马氏体不锈钢	$CuCl_2$ 1.5g、HCl 33mL、C_2H_6O 33mL、H_2O 33mL	室温浸蚀	
A509	沉淀硬化不锈钢	$CuCl_2$ 5g、HCl 40mL、C_2H_6O 25mL、H_2O 30mL	室温浸蚀	
A510	沉淀硬化不锈钢	HCl 92mL、H_2SO_4 5mL、HNO_3 3mL	室温浸蚀	
A511	铁素体不锈钢	CH_3COOH 5mL、HNO_3 5mL、HCl 15mL	擦拭 15s	

续表

序号	用　途	成　分	浸蚀方法	附　注
A512	高纯铁素体不锈钢	HNO_3 10mL、HCl 20mL、$C_3H_8O_3$ 20mL、H_2O_2 10mL	室温浸蚀 15～60s	
A513	高镍铬钢及高硅钢	HNO_3 10mL、HF 20mL、$C_3H_8O_3$ 30mL	室温浸蚀	
A514	显示不锈钢中的σ相	$KMnO_4$ 4g、NaOH 4g、H_2O 100mL	60～90℃热蚀 1～10min	碳化物呈黄色，σ相呈灰色
A515	显示不锈钢中的σ相和铁素体奥氏体不锈钢中的α相	$K_3[Fe(CN)_6]$ 10g、KOH 10g、H_2O 100mL	80～100℃热蚀 2～60min	碳化物呈暗色，σ相呈蓝色，奥氏体呈白色，α相呈红至棕色
A516	显示铁素体奥氏体不锈钢中α相	$FeCl_3$ 5g、HCl 100mL、C_2H_6O 100mL、H_2O 100mL	室温浸蚀后加热到 500～600℃，使浸蚀面呈黄色	α相呈红棕色
A517	显示铬镍奥氏体不锈钢中的δ相（铁素体）	$CuSO_4$ 4g、HCl 20mL、C_2H_6O 100mL	擦拭	
A518	显示铬镍奥氏体不锈钢中的δ相（铁素体）	$CuCl_2$ 1g、HCl 100mL、C_2H_6O 100mL	室温浸蚀	
E101	显示铝合金低倍组织及硬铝晶粒度	NaOH 15g、H_2O 85mL	室温浸蚀 5～20min，冬季可加热到 30～40℃	若加热到 70℃浸蚀 5～20min，可显示铸铝合金的针孔等缺陷
E102	显示纯铝、防锈铝等轻合金的晶粒度	HF 5mL、HNO_3 25mL	室温浸蚀 3～15min	
E201	适用大多数的铝及铝合金	40% HF 0.5mL、H_2O 100mL	用棉花擦拭 10～40s	可显示高纯铝的晶界及滑移线
E202	硬铝、铸铝及一般铝合金的组织	HF 1mL、HCl 1.5mL、HNO_3 2.5mL、H_2O 95mL	室温浸蚀或用棉花擦拭 10～20s	
F102	铜及铜合金的低倍组织	HNO_3 50mL、H_2O 50mL、$AgNO_3$ 0.5g	室温浸蚀	用作深浸蚀
F201	铜及铜合金	$Fe(NO_3)_3 \cdot 9H_2O$ 2g、C_2H_6O 50mL	擦拭	适用范围宽，去细小划痕能力强，但易出现浮雕

附录5 高温可编程马弗炉使用教程

（1）打开总电源，随后打开马弗炉电源按钮（后置），再旋转黑色按钮。

（2）设置升温程序，在设置的过程中主要设定三个参数（sv、tn、out），其他参数保持不变。设置工艺程序需用到四个按钮："↶"表示下一页，"run"表示下调，"stop"表示上调，"A/M"表示移位。

例如：需要样品在800℃下保温4h，然后在600℃下恒温2h，应设置如下。

按下"A/M"按钮开始进入设置程序。

sv－1(800)→tn－1(30)→out－1(100)：用30min将温度由常温升至800℃。

sv－2(800)→tn－2(120)→out－2(100)：在800℃下恒温2h。

sv－3(600)→tn－3(10)→out－3(100)：用10min将温度由800℃降至600℃。

sv－4(600)→tn－4(120)→out－4(100)：在600℃下恒温2h。

sv－5(－121)：随炉冷却至室温。

设置好后按两下"A/M"按钮，再按"↶"按钮（或长按"A/M"按钮和"↶"按钮），结束设置程序。

（3）长按"run"按钮启动仪表，"run"灯亮，再按"turn on"按钮，电流和电压启动，即开始正常工作。

（4）使用完毕后，同时按SET＋"stop"按钮关闭仪表。之后按"turn off"按钮和黑色按钮，关电源键，最后关闭总电源。